乡村振兴战略之人才振兴
职业技能培训系列教材

焊工
实用技术

吝日先　谷德祥　章文兴 ◎ 主编

培训技能人才

推动乡村振兴

助力农民增收致富

中国农业科学技术出版社

图书在版编目（CIP）数据

焊工实用技术／斉日先，谷德祥，章文兴主编 .—北京：
中国农业科学技术出版社，2019.6

ISBN 978-7-5116-4181-6

Ⅰ.①焊…　Ⅱ.①斉…②谷…③章…　Ⅲ.①焊接–职业
培训–教材　Ⅳ.①TG4

中国版本图书馆 CIP 数据核字（2019）第 088195 号

责任编辑	崔改泵
责任校对	马广洋

出　版　者	中国农业科学技术出版社
	北京市中关村南大街 12 号　邮编：100081
电　　　话	（010）82109194（编辑室）　（010）82109702（发行部）
	（010）82109709（读者服务部）
传　　　真	（010）82106650
网　　　址	http://www.castp.cn
经　销　者	各地新华书店
印　刷　者	北京建宏印刷有限公司
开　　　本	880mm×1 230mm　1/32
印　　　张	3.25
字　　　数	88 千字
版　　　次	2019 年 6 月第 1 版　2021 年 4 月第 2 次印刷
定　　　价	20.00 元

前　言

随着生产的发展和科学技术的进步，焊接已成为一门独立的学科，并广泛应用于宇航、航空、核工业、造船、建筑及机械制造等工业部门，在我国的国民经济发展中，尤其是制造业发展中，焊接技术是一种不可缺少的加工手段。当前焊接专业人员的培养远远满足不了社会的用工需求，特别是氩弧焊、手工弧焊、焊接自动化技术方面的人才极度缺乏，这样造就了焊接技能人才需求量大、需求急、待遇高。

本书以基础与实用知识为主，主要讲述了焊工基础知识、焊条电弧焊、熔化极气体保护焊、气焊与气割等方面的知识。

本书内容丰富、讲解详细、插图明晰、资料实用，语言通俗易懂，可以很好地引导实践、指导操作。

由于编者水平所限，加之时间仓促，书中不妥与错误之处在所难免，希望广大读者批评指正。

编　者

目　　录

第一章　焊工常用基本知识 …………………………………… （1）

　　第一节　焊接材料基础知识 ………………………………… （1）

　　第二节　焊接接头形式 ……………………………………… （10）

　　第三节　焊缝种类 …………………………………………… （10）

　　第四节　焊接位置 …………………………………………… （11）

　　第五节　坡口类型 …………………………………………… （12）

　　第六节　焊接电流 …………………………………………… （14）

　　第七节　电弧电压 …………………………………………… （14）

　　第八节　焊接层数 …………………………………………… （16）

　　第九节　焊接速度 …………………………………………… （16）

第二章　焊条电弧焊 ……………………………………………… （17）

　　第一节　焊接姿势 …………………………………………… （17）

　　第二节　引弧操作要点 ……………………………………… （18）

　　第三节　运条操作要点 ……………………………………… （22）

　　第四节　收弧操作要点 ……………………………………… （27）

　　第五节　立焊的特点和操作要点 …………………………… （28）

　　第六节　横焊的特点和操作要点 …………………………… （32）

　　第七节　仰焊的特点和操作要点 …………………………… （35）

　　第八节　灭弧焊操作要点 …………………………………… （38）

　　第九节　连弧焊的特点和操作要点 ………………………… （40）

　　第十节　挑弧法焊接操作要点 ……………………………… （42）

第三章　熔化极气体保护焊 ……………………………………… （44）

　　第一节　钨极氩弧焊 ………………………………………… （44）

　　第二节　CO_2 气体保护焊 ………………………………… （54）

第四章　气焊与气割 ……………………………………… （72）

第一节　气焊与气割的概述 …………………………… （72）

第二节　气焊、气割的工具与设备 …………………… （77）

第三节　气焊操作 ……………………………………… （85）

第四节　气割操作 ……………………………………… （88）

第五节　典型零件的气割 ……………………………… （89）

主要参考文献 …………………………………………… （95）

第一章 焊工常用基本知识

第一节 焊接材料基础知识

一、焊条的类型

（一）酸性焊条

药皮中含有大量的氧化钛、氧化硅等酸性造渣物及一定数量的碳酸盐等，熔渣氧化性强。

（二）碱性焊条

药皮中含有大量的碱性造渣物（大理石、萤石等），并含有一定数量的脱氧剂和渗合金剂。碱性焊条主要靠碳酸盐分解出二氧化碳作保护气体，弧柱气氛中的氢分压较低。而且萤石中的氟化钙在高温时与氢结合成氟化氢，可降低焊缝中的含氢量，故碱性焊条又称为低氢型焊条。

（三）酸性焊条与碱性焊条工艺性能比较（表1-1）

表1-1 酸性焊条与碱性焊条工艺性能比较

酸性焊条	碱性焊条
药皮组分氧化性强	药皮组分还原性强
对水、锈产生气孔的敏感性不大，焊条在使用前经 150~200℃ 烘干 1h，若不受潮，也可不烘干	对水、锈产生气孔的敏感性大，要求焊条使用前经 300~400℃ 烘干 1~2h
电弧稳定，可用交流电或直流电施焊	由于药皮中含有氟化物，恶化电弧稳定性，必须用直流电施焊，只有当药皮中加入稳弧剂后，方可交、直流两用
焊接电流较大	焊接电流较小，较同规格的酸性焊条小 10% 左右

（续表）

酸性焊条	碱性焊条
可长弧操作	必须短弧操作，否则易引起气孔及增加飞溅
合金元素过渡效果差	合金元素过渡效果好
焊缝成形较好，除氧化铁型外，熔深较浅	焊缝成形尚好，容易堆高，熔深较深
熔渣结构呈玻璃状	熔渣结构呈岩石结晶状
脱渣较方便	坡口内第一层脱渣较困难，以后各层脱渣较容易
焊缝常、低温冲击性能一般	焊缝常、低温冲击性能较高
除氧化铁型外，抗裂性能较差	抗裂性能好
焊缝中含氢量高，易产生白点，影响塑性	焊缝中扩散氢含量低
焊接时烟尘少	较多焊接时烟尘多，且烟尘中含有害物质

（四）焊条药皮类型（表1-2）

表1-2　焊条药皮类型

药皮类型	药皮主要成分（质量分数）	焊接电源
钛型	氧化钛≥35%	直流或交流
钛钙型	氧化钛30%以上，钙、镁的碳酸盐20%以下	直流或交流
钛铁矿型	钛铁矿≥30%	直流或交流
氧化铁型	多量氧化铁及较多的锰铁脱氧剂	直流或交流
纤维素型	有机物15%以上，氧化钛30%左右	直流或交流
低氢型	钙、镁的碳酸盐和萤石	直流
石墨型	多量石墨	直流或交流
盐基型	氯化物和氟化物	直流

注：当低氢型药皮中含有适量稳弧剂时，可用于交流或直流焊接。

（五）各种药皮焊条的主要特点（表1-3）

表1-3　各种药皮焊条的主要特点

药皮类型	电源种类	主要特点
不属已规定的类型	不规定	在某些焊条中采用氧化锆、金红石碱性型等，这些新渣系目前尚未形成系列
氧化钛型	直流或交流	含大量氧化钛，焊接工艺性能良好，电弧稳定，再引弧方便，飞溅很小，熔深较浅，熔渣覆盖性良好，脱渣容易，焊缝波纹特别美观，可全位置焊接，尤宜于薄板焊接，但焊缝塑性和抗裂性稍差。根据药皮中钾、钠及铁粉等用量的变化，分为高钛钾型、高钛钠型及铁粉钛型等
钛钙型	直流或交流	药皮中含氧化钛30%以上，钙、镁的碳酸盐20%以下，焊接工艺性能良好，熔渣流动性好，熔深一般，电弧稳定，焊缝美观，脱渣方便，适用于全位置焊接。如J422焊条即属此类型，是目前碳钢焊条中使用最广泛的一种
钛铁矿型	直流或交流	药皮中含钛铁矿≥30%，焊条熔化速度快，熔渣流动性好，熔深较深，脱渣容易，焊波整齐，电弧稳定，平焊、角焊工艺性能较好，立焊稍次，焊缝有较好的抗裂性
氧化铁型	直流或交流	药皮中含大量氧化铁和较多的锰铁脱氧剂，熔深大，熔化速度快，焊接生产率较高，电弧稳定，再引弧方便，立焊、仰焊较困难，飞溅稍大，焊缝抗热裂性能较好，适用于中厚板焊接。由于电弧吹力大，适于野外操作。若药皮中加入一定量的铁粉，则为铁粉氧化钛型
纤维素型	直流或交流	药皮中含15%以上的有机物，30%左右的氧化钛，焊接工艺性能良好，电弧稳定，电弧吹力大，熔深大，熔渣少，脱渣容易。可作立向下焊、深熔焊或单面焊双面成形焊接。立、仰焊工艺性好，适用于薄板结构、油箱管道、车辆壳体等焊接。随药皮中稳弧剂、黏结剂含量变化，分为高纤维素钠型（采用直流反接）、高纤维素钾型两类
低氢钾型	直流或交流	药皮组分以碳酸盐和 CaF_2 为主。焊条使用前须经300~400℃烘焙。短弧操作，焊接工艺性一般，可全位置焊接。焊缝有良好的抗裂性和综合力学性能。适于焊接重要的焊接结构。按药皮中稳弧剂量、铁粉量和黏结剂不同，分为低氢钠型、低氢钾型和铁粉低氢型等
低氢钠型	直流	

（续表）

药皮类型	电源种类	主要特点
石墨型	直流或交流	药皮中含有大量石墨，通常用于铸铁或堆焊焊条。采用低碳钢焊芯时，焊接工艺性能较差，飞溅较多，烟雾较大，熔渣少，适于平焊，采用有色金属焊芯时，能改善其工艺性能，但电流不宜过大
盐基型	直流	药皮中含大量氯化物和氟化物，主要用于铝及铝合金焊条。吸潮性强，焊前要烘干。药皮熔点低，熔化速度快。采用直流电源，焊接工艺性能较差，短弧操作，熔渣有腐蚀性，焊后需用热水清洗

注：表内含量均为质量分数。

二、焊条的牌号

焊条牌号通常以一个汉语拼音字母（或汉字）与 3 位数字表示。拼音字母（或汉字）表示焊条各大类，后面的 3 位数字中，前面两位数字表示各大类中的若干小类，第三位数字表示各种牌号焊条的药皮类型及焊接电源。

焊条牌号中第三位数字的含义如表 1-4 所示，其中盐基型主要用于有色金属焊条，石墨型主要用于铸铁焊条和个别堆焊焊条。数字后面的字母符号表示焊条的特殊性能和用途，如表 1-5 所示，对于任一给定的电焊条，只要从表中查出字母所表示的含义，就可掌握这种焊条的主要特征。

表 1-4　焊条牌号中第三位数字的含义

焊条牌号	药皮类型	焊接电源种类
□ ××0	不属已规定的类型	不规定
□ ××1	氧化钛型	直流或交流
□ ××2	钛钙型	直流或交流
□ ××3	钛铁矿型	直流或交流
□ ××4	氧化铁型	直流或交流
□ ××5	纤维素型	直流或交流
□ ××6	低氢钾型	直流或交流
□ ××7	低氢钠型	直流

（续表）

焊条牌号	药皮类型	焊接电源种类
□ ××8	石墨型	直流或交流
□ ××9	盐基型	直流

注："□"表示焊条牌号中的拼音字母或汉字，××表示牌号中的前两位数字。

表 1-5　牌号后面加注字母符号的含义

字母符号	表示的意义	字母符号	表示的意义
D	底层焊条	RH	高韧性超低氢焊条
DF	低尘焊条	LMA	低吸潮焊条
Fe	高效铁粉焊条	SL	渗铝钢焊条
Fe15	高效铁粉焊条，焊条名义熔敷效率150%	X	向下立焊用焊条
G	高韧性焊条	XG	管子用向下立焊焊条
GM	盖面焊条	Z	重力焊条
R	压力容器用焊条	Z16	重力焊条，焊条名义熔敷效率160%
GR	高韧性压力容器用焊条	CuP	含 Cu 和 P 的抗大气腐蚀焊条
H	超低氢焊条	CrNi	含 Cr 和 Ni 的耐海水腐蚀焊条

三、焊条型号与牌号的对照

国家标准将焊条用型号表示，并划分为若干类。原国家机械委则在《焊接材料产品样本》中，将焊条牌号按用途划分为 10 大类，焊条型号与牌号的对照如表 1-6 所示。

表 1-6　焊条型号与牌号的对照

型号			牌号			
国标	名称	代号	类型	名称	代号	
					字母	汉字
GB/T 5117—1995	碳钢焊条	E	一	结构钢焊条	J	结
GB/T 5118—1995	低合金钢焊条	E	一	结构钢焊条	J	结

（续表）

型号			牌号			
					代号	
国标	名称	代号	类型	名称	字母	汉字
GB/T 5118—1995	低合金钢焊条	E	二	钼和铬钼耐热钢焊条	R	热
			三	低温钢焊条	W	温
GB/T 983—1995	不锈钢焊条	E	四	不锈钢焊条	G	铬
					A	奥
GB/T 984—2001	堆焊焊条	ED	五	堆焊焊条	D	堆
GB/T 10044—2006	铸铁焊条及焊丝	EZ	六	铸铁焊条	Z	铸
GB/T 13814—2008	镍及镍合金焊条	E	七	镍及镍合金焊条	Ni	镍
GB/T 3670—1995	铜及铜合金焊条	E	八	铜及铜合金焊条	T	铜
GB/T 3669—2001	铝及铝合金焊条	T	九	铝及铝合金焊条	L	铝
—	—	—	十	特殊用途焊条	T	特

四、焊丝的类型

焊丝的分类方法很多，如图 1-1 所示。

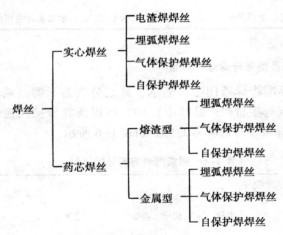

图 1-1 焊丝的分类

五、焊丝的型号

（一）实心焊丝的型号

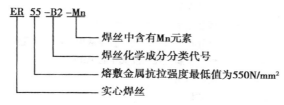

ER 55 –B2 –Mn

焊丝中含有Mn元素
焊丝化学成分分类代号
熔敷金属抗拉强度最低值为550N/mm²
实心焊丝

（二）药芯焊丝的型号

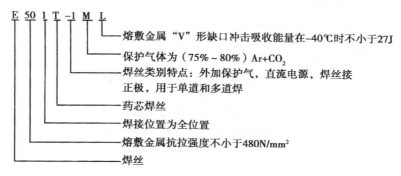

E 50 1 T –1 M L

熔敷金属"V"形缺口冲击吸收能量在–40℃时不小于27J
保护气体为（75%～80%）Ar+CO₂
焊丝类别特点：外加保护气，直流电源，焊丝接
正极，用于单道和多道焊
药芯焊丝
焊接位置为全位置
熔敷金属抗拉强度不小于480N/mm²
焊丝

六、焊丝的牌号

（一）实心焊丝的牌号

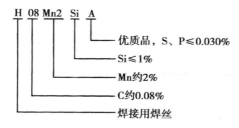

H 08 Mn2 Si A

优质品，S、P≤0.030%
Si≤1%
Mn约2%
C约0.08%
焊接用焊丝

（二）药芯焊丝的牌号

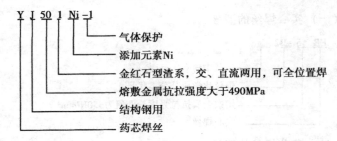

七、焊剂的牌号

（一）熔炼焊剂的牌号

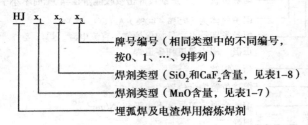

表 1-7　焊剂类型（x_1）

x_1	焊剂类型	W（MnO）（%）
1	无锰	<2
2	低锰	2~15
3	中锰	>15~30
4	高锰	>30

表 1-8　焊剂类型（x_2）

x_2	焊剂类型	W（SiO$_2$）（%）	W（CaF$_2$）（%）
1	低硅低氟	<10	
2	中硅低氟	10~30	<10
3	高硅低氟	>30	

（续表）

x_2	焊剂类型	W（SiO_2）（%）	W（CaF_2）（%）
4	低硅中氟	<10	
5	中硅中氟	10~30	10~30
6	高硅中氟	>30	
7	低硅高氟	<10	
8	中硅高氟	10~30	>30
9	其他	不规定	不规定

示例：

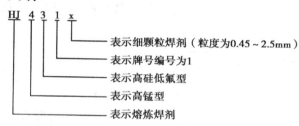

（二）烧结焊剂的牌号

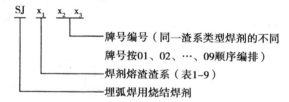

表1-9　焊剂熔渣渣系（x_1）

x_1	熔渣渣系类型	主要化学成分（质量分数）组成类型
1	氟碱型	$CaF_2 \geqslant 15\%$，$CaO+MgO+MnO+CaF_2 > 50\%$、$SiO_2 < 20\%$
2	高铝型	$Al_2O_3 \geqslant 20\%$、$Al_2O_3+CaO+MgO > 45\%$
3	硅钙型	$CaO+MgO+SiO_2 > 60\%$
4	硅锰型	$MnO+SiO_2 > 50\%$
5	铝钛型	$Al_2O_3+TiO_2 > 45\%$
6、7	其他型	不规定

示例：

SJ 5 01
└── 表示焊剂编号为01
└── 表示熔渣渣系为铝钛型
└── 表示烧结焊剂

第二节　焊接接头形式

采用焊接方法连接的接头称为焊接接头，焊接接头的基本形式分为对接接头、搭接接头、角接接头、"T"形接头、十字接头、端接接头、卷边接头和套管接头共8种，如图1-2所示。

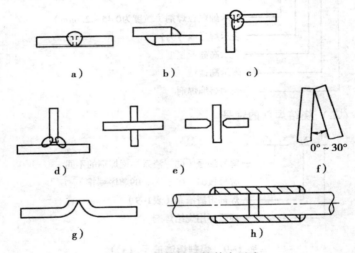

图1-2　焊接接头的基本形式

　a）对接接头；b）搭接接头；c）角接接头；d）　"T"形接头；
e）"十"字接头；f）端接接头；g）卷边接头；h）套管接头

第三节　焊缝种类

焊缝的种类很多，按断续情况不同可将焊缝分为定位焊缝、断续焊缝、连续焊缝；按空间位置不同可分为平焊缝、横焊缝、立焊缝和仰焊缝，如表 1-10 所示，不同的空间位置均可采用焊缝倾角及焊缝转角来描述（图 1-3）。

表 1-10　空间位置不同的焊缝

焊缝名称	焊缝倾角	焊缝转角	施焊位置
平焊缝	0°~5°	0°~10°	水平位置
横焊缝	0°~5°	70°~90°	横向位置
立焊缝	80°~90°	0°~180°	立向位置
仰焊缝	0°~5°	165°~180°	仰焊位置

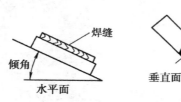

图 1-3　焊缝倾角及焊缝转角

第四节　焊接位置

焊接时工件连接处的空间位置叫做焊接位置，焊接位置分为平焊位置、横焊位置、立焊位置和仰焊位置，焊接位置示意如图 1-4 所示，焊接位置操作如图 1-5 所示。

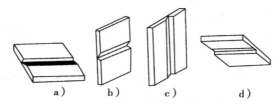

图 1-4　焊接位置示意图
a）平焊位置；b）横焊位置；c）立焊位置；d）仰焊位置

图 1-5 焊接位置操作图

a) 平焊；b) 横焊；c) 立焊；d) 仰焊

第五节 坡口类型

焊接接头的坡口一般有"I"形坡口、"U"形坡口、"V"形坡口和双"V"形坡口 4 种。

（1）"I"形坡口一般用于厚度在 6mm 以下的金属板材的焊接，如图 1-6 所示。

（2）"U"形坡口一般用于厚度大于 20mm 板材和重要的焊接结构，焊接变形小，如图 1-7 所示。

（3）"V"形坡口形状简单，加工方便，是最常用的坡口形式，常用于厚度在 6~40mm 工件的焊接，如图 1-8 所示。

（4）双"V"形坡口常用于厚度在 12~60mm 板材的双面焊

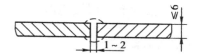

图1-6　"I"形坡口（单位：mm）

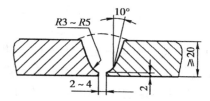

图1-7　"U"形坡口（单位：mm）

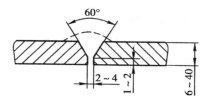

图1-8　"V"形坡口（单位：mm）

接，焊后的残余变形较小，如图1-9所示。

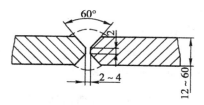

图1-9　双"V"形坡口（单位：mm）

第六节 焊接电流

一、焊接电流对焊接质量的影响

（1）焊接电流过小。焊接电流过小不仅引弧困难，而且电弧也不稳定，会造成未焊透和夹渣等缺欠。由于焊接电流过小使热量不足，还会造成焊条的熔滴堆积在表面，使焊缝成形不美观。

（2）焊接电流过大。焊接电流过大不仅会使熔深较大，容易产生烧穿和咬边等缺欠，而且还会使合金元素烧损过多，并使焊缝过热，造成接头热影响区晶粒粗大，影响焊缝力学性能。焊接电流太大时，还会造成焊条末端过早发红，使药皮脱落和失效，从而导致产生气孔。

二、影响焊接电流大小的主要因素

焊接电流的大小，与焊条的类型、焊条直径、工件厚度、焊接接头形式、焊缝位置以及焊接层次等有关，其中关系最大的是焊条直径。

通常焊接电流与焊条直径有如下关系：

$$I=k{\times}d$$

式中，I——焊接电流（A）；

　　　d——焊条直径（mm）；

　　　k——经验系数。

当焊条直径 d 为 1~2mm 时，$k=25{\sim}30$；$d=2{\sim}4mm$ 时，$k=30{\sim}40$；$d=4{\sim}6mm$ 时，$k=40{\sim}60$。

第七节 电弧电压

一、电弧电压与弧长

电弧电压即电弧两端（两电极）之间的电压降，当焊条和母材一定时，电弧电压主要由电弧长度来决定。电弧长，则电弧电压高；电弧短，则电弧电压低。

在焊接过程中，焊条端头至工件间的距离称为电弧长度（弧长）。通常电弧长度（弧长）L 可按下述经验公式确定：

$$L = (0.5 \sim 1.0) \, d$$

式中，d——焊条直径（mm）。

二、长弧与短弧

当电弧长度大于焊条直径时称为长弧，小于焊条直径时称为短弧。使用酸性焊条时，一般采用长弧焊接，这样电弧能稳定燃烧，并能得到质量良好的焊接接头。由于碱性焊条药皮中含有较多的氧化钙和氟化钙等高电离电位的物质，若采用长弧则电弧不易稳定，容易出现各种焊接缺欠，因此凡碱性焊条均应采用短弧焊接。

确定焊接电弧长度时应注意以下事项。

（1）在焊接时，电弧燃烧不稳定，容易左右摆动，所得到的焊缝质量也较差，电弧的热量不能集中作用在熔池上，而散失在空气中，并使焊缝的熔深较小，熔宽较大，且焊缝表面的鱼鳞纹不均匀。同时电弧过长时，还会由于空气中的氧、氮等元素侵入电弧区，引起严重飞溅，使焊缝产生气孔。但弧长如果过小，也会引起操作困难。

（2）电弧长度还与工件坡口形式等因素有关。"V"形坡口对接、角接的第一层应采用短弧焊接，以保证焊透，且不致发生咬边现象；第二层可采用长弧焊接，以填满焊缝。焊缝间隙小时用短电弧，间隙大时电弧可稍长，并加大焊接速度。薄钢板焊接时，为防止烧穿，电弧长度不宜过大。仰焊时电弧应最短，以防止熔化金属下淌；立焊、横焊时，为了控制熔池温度，也应用小电流、短弧焊接。

（3）在运条的过程中，不论使用哪种类型的焊条，都要始终保持电弧长度基本不变，只有这样才能保证整条焊缝的熔宽和熔深一致，从而获得高质量的焊缝。

第八节　焊接层数

多层焊和多层多道焊的接头组织细小，热影响区较窄，因此有利于提高焊接接头的塑性和韧性，特别对于易淬火钢，后焊缝对前焊缝有回火作用，可改善接头组织和力学性能。低碳钢及 16Mn 等普通低合金钢的焊接层数对接头质量影响不大，但如果层数过少，每层焊缝厚度过大时，对焊缝金属的塑性有一定的影响。其他钢种都应采用多层多道焊，一般每层焊缝的厚度不大于 4mm。

第九节　焊接速度

焊接速度可由操作者根据具体情况灵活掌握，原则是保证焊缝具有所要求的外形尺寸，且熔合良好。在焊接过程中，操作者应随时调整焊接速度，以保证焊缝的高低和宽窄的一致性。如果焊接速度太小，则焊缝会过高或过宽，外形不整齐，焊接薄板时甚至会烧穿；如果焊接速度太大，焊缝较窄，则会产生未焊透的缺欠。

第二章　焊条电弧焊

第一节　焊接姿势

焊接时，一般是左手持面罩，右手握焊钳，焊钳上夹持焊条，手握焊钳的姿势如图2-1所示。

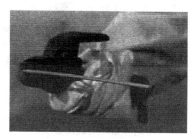

图2-1　手握焊钳的姿势

一般情况下，焊接姿势的选择随人而定，无论什么姿势都没问题，关键是身体感觉舒服最好，特别是两只手要能灵活移动。但在焊接精密工件时，一般采用坐式焊接，身体更平稳，焊接质量好，如图2-2所示。

图2-2　坐式焊接

第二节 引弧操作要点

一、引弧操作步骤

焊条电弧焊时，引燃焊接电弧的过程，叫做引弧。引弧时，首先把焊条端部与工件轻轻接触，然后很快将焊条提起，这时电弧就在焊条末端与工件之间建立起来，如图 2-3 和图 2-4 所示。

引弧是焊条电弧焊操作中最基本的动作，其准备步骤是：

图 2-3 引弧准备

图 2-4 引燃电弧

（1）穿好工作服、戴好工作帽及电焊手套。

（2）准备好工件、焊条及辅助工具。

（3）清理干净工件表面的油污和水锈。

（4）检查焊钳及各接线处是否良好。

（5）把地线与工件支架相连接，并把工件平放在支架上。

（6）合上电闸、启动焊机，并调节所需焊接电流。

（7）从焊条筒中取出焊条，用拇指按下焊钳弯臂，打开焊钳，把焊条夹持端放到焊钳口凹槽中，松开焊钳弯臂。

（8）右手握住焊钳手柄，左手持面罩。

（9）找准引弧处，手保持稳定，用面罩遮住面部，准备引弧。

二、引弧方法

常用的引弧方法有划弧法和敲击法两种，如图 2-5 所示。

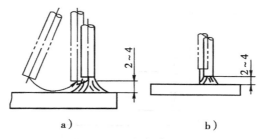

a）　　　　　　　　　　b）

图 2-5　引弧方法（单位：mm）

a）划弧法；b）敲击法

（1）划弧法。划弧法是先将焊条末端对准工件，然后像划火柴似的将焊条在工件表面轻轻划擦一下，引燃电弧，划动长度越短越好，一般在 15~25mm。然后迅速将焊条提升到使弧长保持 2~4mm 高度的位置，并使之稳定燃烧。接着立即移到待焊处，先停留片刻（起预热作用），再将电弧压短至略小于焊条直径，在始焊点做适量横向摆动，并在坡口根部稳定电弧，当形成熔池后开始正常焊接，如图 2-5a 所示。这种引弧方式的优点是电弧容易引燃，操作简便，引弧效率高。缺点是容易损坏工件的表面，在焊接正式产品时很少采用。

（2）敲击法。敲击法引弧也叫直击法引弧，常用于比较困难的焊接位置，对工件污染较小。敲击法是将焊条末端垂直地在工件起焊处轻微碰击，然后迅速将焊条提起，电弧引燃后，立即使焊条末端与工件保持 2~4mm，使电弧稳定燃烧，后面的操作与划弧法基本相同，如图 2-5b 所示。这种引弧方法的优点是不会使工件表面造成划伤缺欠，又不受工件表面的大小及工件形状的限制，所以是正式生产时采用的主要引弧方法。缺点是受焊条端部的状况限制，引弧成功率低，焊条与工件往往要碰击几次才能使电弧引燃和稳定燃烧，操作不易掌握。敲击时如果用力过猛，药皮容易脱落，操作不当还容易使焊条粘于工件表面。

两种引弧方法都要求引弧后，先拉长电弧，再转入正常弧长焊接，如图 2-6 所示。

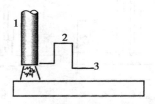

图 2-6　引弧后的电弧长度变化
1. 引弧；2. 拉长电弧；3. 正常弧长焊接

引弧动作如果太快或焊条提得过高，不易建立稳定的电弧，或引弧后易于熄灭；引弧动作如果太慢，又会使焊条和工件粘在一起，产生长时间短路，使焊条过热发红，造成药皮脱落，也不能建立起稳定的电弧。

对于焊缝接头处的引弧，一般有两种方法。

（1）第一种方法是从先焊焊缝末尾处引弧，如图 2-7 所示。这种连接方式可以熔化引弧处的小气孔，同时接头也不会高出焊缝。连接的方法是在先焊焊缝的尾端前面约 10mm 处引弧，弧长比正常焊接稍长些，然后将电弧移到原弧坑的 2/3 处，填满弧坑后，即可进入正常焊接。采用此方法引弧时一定要控制好电弧后移的距离，如果电弧后移太多，则可能造成接头过高；

后移太少，将造成接头脱节，弧坑填充不满。

（2）第二种方法是从先焊焊缝端头处引弧，如图 2-8 所示。这种连接方式要求先焊焊缝的起头处要略低些，连接时在先焊焊缝的起头略前处引弧，并稍微拉长电弧，将电弧引向先焊焊缝的起头处，并覆盖其端头，待起头处焊缝焊平后再向先焊焊缝相反的方向移动。

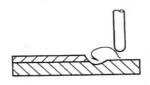

图 2-7　从先焊焊缝末尾处引弧

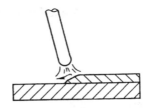

图 2-8　从先焊焊缝端头处引弧

采用上述两种方法，可以使焊缝接头处符合使用要求，如图 2-9a 所示，否则极易出现图 2-9b 和图 2-9c 所示的情况，接头强度达不到使用要求，或者外形不美观，并影响安装使用。

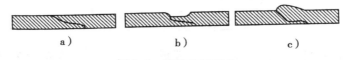

　　　　a）　　　　　　　　b）　　　　　　　　c）

图 2-9　焊缝连接要求
a）正确；b）、c）不正确

三、引弧操作注意事项

（1）为了便于引弧，焊条末端应裸露焊芯。若焊条端部有药皮套筒，可戴焊工手套捏除，如图 2-10 所示。

（2）引弧过程中如果焊条与工件粘在一起，可将焊条左右晃动几下，即可脱离，如图 2-11 所示。

图 2-10　捏除焊条端部药皮套筒

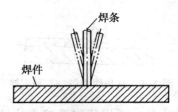

图 2-11　左右晃动焊条脱离工件

（3）如果左右晃动焊条仍不能使其与工件脱离，焊条会发热，应立即将焊钳与焊条脱离，以防短路时间过长而烧坏焊机。

第三节　运条操作要点

焊接过程中，为了保证焊缝成形美观，焊条要做必要的运动，简称运条。运条同时存在 3 个基本运动：焊条沿焊接方向的均匀移动，焊条沿中心线不停地向下送进和横向摆动，如图 2-12所示。

一、沿焊接方向移动

焊条沿焊接方向的均匀移动速度即焊接速度，该速度的大小对焊缝成形起非常重要的作用。随着焊条的不断熔化，逐渐形成一条焊缝。若焊条移动速度太慢，则焊缝会过高、过宽，外形不整齐，焊接薄板时会产生烧穿现象；若焊条的移动速度太快，则焊条和工件会熔化不均，焊缝较窄。焊条移动时，应与前进方向成 65°~80° 的夹角，如图 2-13 所示，以使熔化金属和熔渣推向后方。如果熔渣流向电弧的前方，会造成夹渣等缺欠。

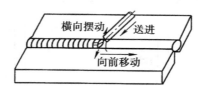

图 2-12　运条的三个基本动作

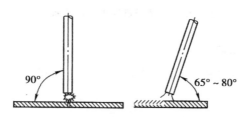

图 2-13　焊条前进时的角度

二、焊条沿熔池方向送进

向下送焊条是为了调节电弧的长度，弧长的变化直接影响熔深及熔宽，焊条向熔池方向送进的目的是随着焊条的熔化来维持弧长不变。焊条下送速度应与焊条的熔化速度相适应，如图 2-14 所示。

如果下送速度太慢，会使电弧逐渐拉长，直至断弧，如

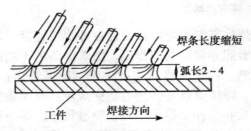

图 2-14　焊条沿熔池方向送进

图 2-15所示；如果下送速度太快，会使电弧逐渐缩短，直至焊条与熔池发生接触短路，导致电弧熄灭。

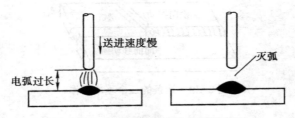

图 2-15　焊条送进速度太慢导致灭弧

三、横向摆动

横向摆动可根据需要获得一定宽度的焊缝，如图 2-16 所示。

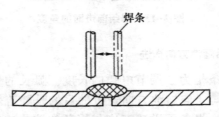

图 2-16　焊条横向摆动获得一定宽度的焊缝

（1）工件越薄，摆动幅度应该越小；工件越厚，摆动幅度应该越大，如图 2-17 所示。

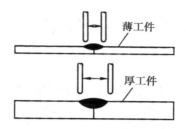

图 2-17　工件厚度与焊条摆动幅度的关系

（2）"I"形坡口摆动幅度应稍小，"V"形坡口摆动幅度应较大，如图 2-18 所示。

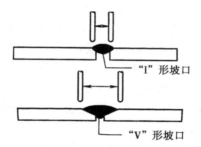

图 2-18　坡口形状与焊条摆动幅度的关系

（3）多层多道焊时，外层应比内层摆动幅度大，如图 2-19 所示。

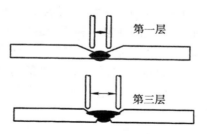

图 2-19　焊接层次与焊条摆动幅度的关系

（4）几种常见的横向摆动方式，如图 2-20 所示。

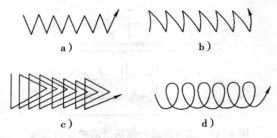

图 2-20 横向摆动方式

a）锯齿形；b）月牙形；c）三角形；d）圆圈形

锯齿形运条法是指焊接时，焊条做锯齿形连续摆动及向前移动，并在两边稍停片刻，摆动的目的是为了得到必要的焊缝宽度，以获得良好的焊缝成形，如图 2-20a 所示。这种方法在生产中应用较广，多用于厚板对接焊。

月牙形运条法是指焊接时，焊条沿焊接方向做月牙形的左右摆动，同时需要在两边稍停片刻，以防咬边，如图 2-20b 所示。这种方法应用范围和锯齿形运条法基本相同，但此法焊出的焊缝较高。

三角形运条法是指焊接时，焊条做连续的三角形运动，并不断向前移动，如图 2-20c 所示。其特点是焊缝断面较厚，不易产生夹渣等缺欠。

圆圈形运条法是指焊接时，焊条连续做正圆圈或斜圆圈运动并向前移动，如图 2-20d 所示。其特点是有利于控制熔化金属不受重力作用而产生下淌现象，利于焊缝成形。

薄板对接平焊一般不开坡口，焊接时不宜横向摆动，可较慢地直线运条，短弧焊接，并通过调节焊条的倾角和弧长，控制熔渣的运动和熔池成形，避免因操作不当引起夹渣、咬边和焊缝不平整等缺欠。

第四节　收弧操作要点

收弧也叫灭弧，焊接过程中由于电弧的吹力，熔池呈凹坑状，并且低于已凝固的焊缝。焊接结束时，如果直接拉断电弧，会形成弧坑，产生弧坑裂纹和减小焊缝强度，如图 2-21 所示。在灭弧时，要维持正确的熔池温度，逐渐填满熔池。收弧方法如图 2-22 所示。

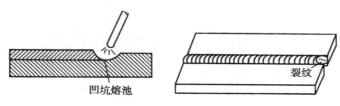

凹坑熔池　　　　　　　　　　　　　　　　　裂纹

图 2-21　收弧时易产生凹坑熔池和裂纹

（1）一般焊接较厚的工件收弧时，采用划圈收弧法，即电弧移到焊缝终端时，利用手腕动作（手臂不动）使焊条端部做圆圈运动，当填满弧坑后拉断电弧，如图 2-22a 所示。

（2）焊接比较薄的工件时，应在焊缝终端反复灭弧、引弧，直到填满弧坑，如图 2-22b 所示。但碱性焊条不宜采用这种方法，因为容易在弧坑处产生气孔。

（3）当采用碱性焊条焊接时，应采用回焊收弧法，即当电弧移到焊缝终端时作短暂的停留，但未灭弧，此时适当改变焊条角度，如图 2-22c 所示，由位置 1 转到位置 2，待填满弧坑后再转到位置 3，然后慢慢拉断电弧。

（4）如果焊缝的连接方式是后焊焊缝从接头的另一端引弧，焊到前焊缝的结尾处时，焊接速度应略慢些，以填满焊缝的焊坑，然后以较快的焊接速度再略向前收弧，如图 2-22d 所示。

（5）有时也可采用外接收弧板的方法进行收弧，如图 2-22e 所示。

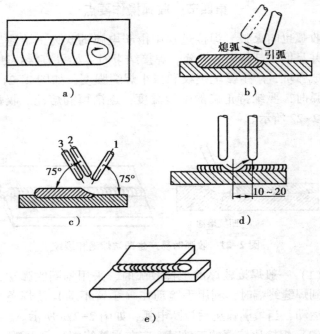

图 2-22　收弧方法

a）划圈收弧法；b）反复断弧收弧法；c）回焊收弧法；d）焊缝
接头收弧；e）外接收弧板

第五节　立焊的特点和操作要点

一、立焊的特点

立焊时如果熔池温度过高，则容易形成焊瘤，如图 2-23 所
示。也容易产生咬边缺欠，焊缝表面不平整。对于"T"形接头
的立焊，焊缝根部容易焊不透。立焊的优点是容易掌握焊透情
况，由于熔渣容易分离，焊工可以清晰地观察到熔池的形状和
状态，便于操作和控制熔池。

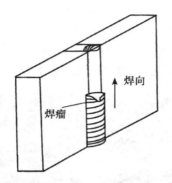

图 2-23 立焊时易产生焊瘤缺欠

二、立焊的操作要点

（1）立焊操作时，为便于操作和观察熔池，焊钳握法有正握法和反握法两种，如图 2-24 所示。

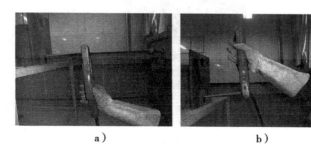

a）   b）

图 2-24 焊钳的握法

a）正握法；b）反握法

（2）立焊基本姿势有蹲姿、坐姿和站姿 3 种，如图 2-25 所示。焊工的身体不要正对焊缝，要略偏向左侧，使握钳的右手便于操作。

（3）电弧长度应短于焊条直径，利用电弧的吹力托住金属液，缩短熔滴过渡到熔池中的距离，使熔滴能顺利到达熔池。

（4）焊接时要注意熔池温度不能太高，焊接电流应比平焊时小 10% ~ 15%，尽量采用较小的焊条直径。

（5）尽量采用短弧焊接，有时要采用挑弧焊接来控制熔池温度，这样容易产生气孔，所以，在挑弧焊接时只将电弧拉长而不灭弧，使熔池表面始终得到电弧的保护。

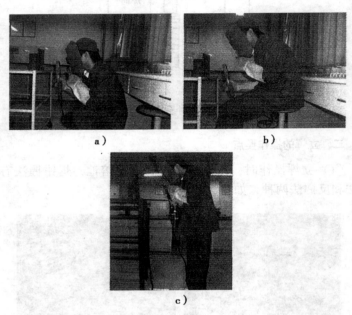

图 2-25　立焊基本姿势
a）蹲姿；b）坐姿；c）站姿

（6）保证正确的焊条角度，一般应使焊条角度向下倾斜 60°~80°，电弧指向熔池中心，对接接头立焊时的焊条角度如图 2-26 所示，"T"形接头立焊时的焊条角度如图 2-27 所示。

（7）合理的运条方式也是保证立焊质量的重要手段，对于不开坡口的对接立焊，由下向上焊，可采用直线形、锯齿形、月牙形及挑弧法；开坡口的对接立焊常采用多层或多层多道焊，第一层常采用挑弧法或摆幅较小的三角形、月牙形运条；有时为了防止焊缝两侧产生咬边，根部未焊透，电弧在焊缝两侧及坡口顶角处要有适当的停留，使熔滴金属充分填满焊缝的咬边部分。弧长尽量缩短，焊条摆动的宽度不超过焊缝要求的宽度。不同接头的立焊焊条角度及运条方式如图2-28所示。

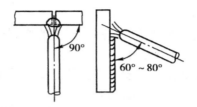

图2-26　对接接头立焊时的焊条角度

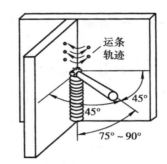

图2-27　"T"形接头立焊时的焊条角度

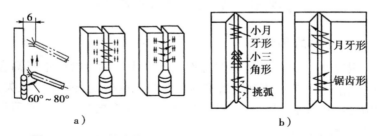

a）

b）

图2-28　不同接头的立焊焊条角度及运条方式（单位：mm）

a）不开坡口；b）开坡口

三、立焊易产生的缺欠及防止措施

（1）接头处焊波粗大是最常见的缺欠，一般情况下是因为接弧位置过于偏上，正确接弧位置应与前一熔池重叠 1/3～1/2，如图 2-29 所示。

（2）易出现焊缝过宽、过高，产生的原因是横向摆动时手腕僵硬不灵活，速度过慢等。

（3）易出现烧穿和焊瘤，产生的原因是运条过慢，无向上意识，断弧不利落，接弧温度过高等。

（4）易产生夹渣，产生原因是运条无规律，热量不集中，焊接时间短，电流过小等。

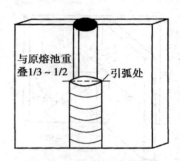

与原熔池重叠1/3～1/2
引弧处

图 2-29　接头处引弧位置

第六节　横焊的特点和操作要点

一、横焊的特点

横焊时，熔化金属在重力作用下发生流淌，操作不当则会在上侧产生咬边，下侧因熔滴堆积而产生焊瘤或未焊透等缺欠，如图 2-30 所示。因此开坡口的厚板多采用多层多道焊，较薄板焊时也常常采用多道焊。

二、横焊操作要点

（1）施焊时应选择较小直径的焊条和较小的焊接电流，可以有效地防止金属的流淌。

（2）以短路过渡形式进行焊接。

（3）采用恰当的焊条角度，以使电弧推力对熔滴产生承托作用，获得高质量的焊缝。不开坡口横焊时焊条角度如图 2-31a 所示，开坡口多层横焊的焊条角度和焊缝先后如图 2-31b 所示。

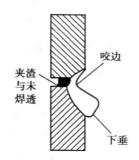

图 2-30　横焊时易产生的缺欠

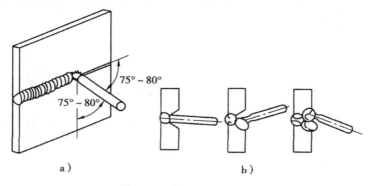

图 2-31　横焊焊条角度

a）不开坡口；b）开坡口

（4）采用正确的运条方式。对于不开坡口的对接横焊，薄板正面焊缝选用往复直线式运条方式，较厚工件采用直线或斜环形运条方式，背面焊缝采用直线形运条。开坡口的对接横焊，采用多层焊时，第一层采用直线形或往复直线形运条，其余各层采用斜环形运条，斜环形运条方式如图 2-32 所示。运条速度要稍慢且均匀，避免焊条的熔滴金属过多地集中在某一点上形成焊瘤和咬边。

图 2-32　斜环形运条方式

（5）由于焊条的倾斜以及上下坡口的角度影响，使电弧对上下坡口的加热不均匀。上坡口受热较好，下坡口受热较差，同时熔池金属因受重力作用下坠，极易造成下坡口熔合不良，甚至冷接。因此，应先击穿下坡口面，后击穿上坡口面，并使击穿位置相互错开一定距离（0.5~1 个熔孔距离），使下坡口面击穿熔孔在前，上坡口面击穿熔孔在后。焊条倾角在坡口上缘与下缘的变化如图 2-33a 所示，焊缝形状及熔孔关系如图 2-33b 所示。

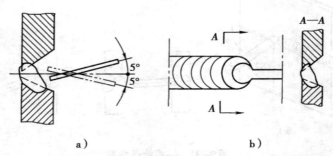

图 2-33　焊接上下坡口时焊条的角度变化和焊缝形状及熔孔

a）焊条角度变化；b）焊缝形状及熔孔

（6）厚板的横焊适合采用多层多道焊，每道焊缝均应采用直线形运条法，但要根据各焊缝的具体情况，始终保证短弧和适当的焊接速度，同时焊条的角度也应该根据焊缝的位置进行调节。

（7）当熔渣超前，或有熔渣覆盖熔池形状倾向时，采用拨渣运条法，如图2-34所示。其中1为电弧的拉长，2为向后斜下方推渣，3为返回原处。

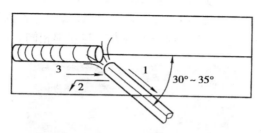

图2-34 拨渣运条法

第七节 仰焊的特点和操作要点

仰焊是消耗体力最大、难度最高的一种特殊位置焊接方法，如图2-35所示。

图2-35 仰焊

一、仰焊的特点

（1）仰焊时，熔池倒悬在工件下面，焊缝成形困难，容易在焊缝表面产生焊瘤，背面产生塌陷，还容易出现未焊透、弧坑凹陷现象。

（2）熔池尺寸较大，温度较高，清渣困难，有时易产生层间夹渣。

二、仰焊的操作要点

（1）仰焊时一定要注意保持正确的操作姿势，焊接点不要处于人的正上方，应为上方偏前，且焊缝偏向操作人员的右侧，如图 2-36 所示。仰焊的焊条夹持方式与立焊相同。

图 2-36　仰焊的正确操作姿势

（2）采用小直径焊条、小电流焊接，一般焊接电流在平焊与立焊之间。

（3）采用短弧焊接，以利于熔滴过渡。

（4）保持适当的焊条角度和正确的运条方式，如图 2-37 所示。对于不开坡口的对接仰焊，间隙小时宜采用直线形运条，间隙大时宜采用往复直线形运条。开坡口对接仰焊采用多层焊时，第一层焊缝根据坡口间隙大小选用直线形或直线往复形运条方式，其余各层均采用月牙形或锯齿形运条方式。多层多道焊宜采用直线形运条。对于焊脚尺寸较小的"T"形接头采用单层焊，选用直线形运条方式；焊脚尺寸较大时，采用多层焊或多层多道焊。第一层宜选用直线形运条，其余各层可采用斜环形或三角形运条方式。

（5）当熔池的温度过高时，可以将电弧稍稍抬起，使熔池温度稍微降低。

（6）仰焊时由于焊枪和电缆的重力等作用，操作人员容易

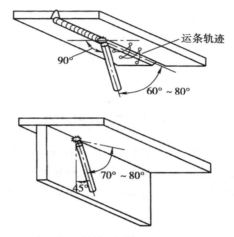

图 2-37　仰焊时的焊条角度和运条方式

出现持枪不稳等现象，所以有时需要双手握枪进行焊接。

（7）采用斜圆圈运条时，有意识地让焊条头先指向上板，使溶滴先与上板熔合，由于运条的作用，部分金属液会自然地被拖到立面的钢板上来，这样两边就能得到均匀的熔合。

（8）直线形运条时，保持 1~2mm 的短弧焊接，不要将焊条头搭在焊缝上拖着走，以防出现窄而凸的焊缝。

（9）保持正确的焊条角度和均匀的焊速，保持短弧，向上送进速度要与焊条燃烧速度一致。

（10）施焊中，所看到的熔池表面为平或稍凹时为最佳，当温度较高时熔池会表面外鼓或凸起，严重时将出现焊瘤，解决的方法是加快向前摆动的速度和延长两侧停留时间，必要时减小焊接电流。

（11）多道焊时，除打底仔细清渣外，盖面各道不要清渣，可按图 2-38 顺序焊接，后一道焊的焊条中心指向前一道焊缝 1/3 或 1/2 的边缘。操作时，焊条角度必须正确，速度要均匀，电弧要短。

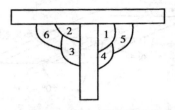

图 2-38　仰焊时的焊接顺序

（12）起头和接头在预热过程中很容易出现熔渣与金属液混在一起的现象，这时应将焊条与上板夹角减小，以增大电弧吹力，千万不能灭弧。如果起焊处已过高或产生焊瘤，应用电弧将其割掉。

第八节　灭弧焊操作要点

灭弧焊是通过控制电弧的燃烧和熄灭时间，以及运条动作来控制熔池的形状、温度和熔深的一种单面焊双面成形的焊接技术。它较容易控制熔池状态，对工件的装配质量及焊接参数的要求较低。但是它对焊工的操作技能要求较高，如果操作不当，会产生气孔、夹渣、咬边、焊瘤以及焊缝外凸等缺欠。灭弧焊常用操作方法有一点法和两点法，如图 2-39 所示。一点法适用于薄板、小直径管（≤Φ60mm）及小间隙（1.5~2.5mm）条件下的焊接，两点法适用于厚板、大直径管、大间隙条件下的焊接。

一、两点法的基本操作要点

先是在始焊端前方 10~15mm 处的坡口面上引燃电弧，然后将电弧拉回至开始焊接处，稍加摆动对工件进行预热 1~1.5s后，将电弧压低，当听到电弧穿透坡口时发出的"噗"声时，可看到定位焊缝以及相接的坡口两侧开始熔化。当形成第一个熔池时快速灭弧，第一个熔池常称为熔池座。当第一个熔池尚未完全凝固，熔池中心还处于半熔化状态时，重新引燃电弧，并在该熔池左前方的坡口面上以一定的焊条角度击穿工件根部。击穿时，压短电弧对工件根部加热1～1.5s，然后再迅速将焊条沿焊接反方向挑划。当听到工件被击穿的"噗"声时，说明第一个熔孔已经形成，应快速地使一定长度的弧柱（平焊时为1/3弧柱，立焊时为1/3～1/2弧柱，横焊和仰焊时为1/2弧柱）带着熔滴透过熔孔，使其与背、正面的熔化金属分别形成背面和正面焊缝熔池。此时要快速灭弧，否则会造成烧穿。灭弧1s左右，即当上述溶池尚未完全凝固，还有与焊条直径般大小的黄亮光点时，立即引燃电弧并在第一个熔池右前方进行击穿焊。然后依照上述方法完成以后的焊缝。

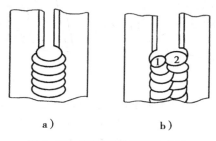

图 2-39　灭弧焊常用操作方法

a）一点法；b）两点法

二、一点法的基本操作要点

一点法建立第一个熔池的方法与两点法相同。施焊时应使电弧同时熔化两侧钝边，听到"噗"声后，立即灭弧。一般灭弧频率保持在70～80次/min。一点法的焊条倾角和熔孔向坡口根部溶入深度与两点法相同。各种位置灭弧焊时的焊条角度与坡口根部溶入深度如图2-40所示。

三、灭弧焊注意事项

在开始焊接时，灭弧的时间可以短一些，随着焊接时间的延长，灭弧的时间也要增加，才能避免烧穿和产生焊瘤。进行灭弧焊时一定要注意熔池的形状，如果圆形熔池的下边缘由平

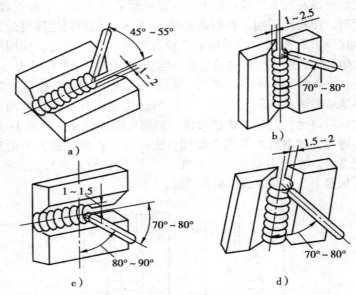

图 2-40 各种位置灭弧焊时的焊条角度与坡口根部熔入深度（单位：mm）
a）平焊；b）立焊；c）横焊；d）仰焊

直的轮廓逐渐鼓肚变圆时，表示温度高，应立即移弧或熄弧，使熔池降温避免产生焊瘤等缺欠。

第九节 连弧焊的特点和操作要点

一、连弧焊的特点

连弧焊是指在焊接过程中电弧稳定燃烧，不熄弧。一般连弧焊焊接采用较小的根部间隙和焊接参数，并在短弧条件下进行规则的焊条摆动，使焊缝始终处于缓慢加热和缓慢冷却的状态，焊缝成形较好，但是它对工件的装配质量和焊接参数有较严格的要求。同时要求焊工操作熟练，否则容易产生烧穿或未焊透等缺欠。

二、连弧焊的基本操作要点

引燃电弧后迅速将电弧压低，然后在始焊处做小锯齿形横向摆动对工件预热，然后将焊条尽力送向根部，等听到"噗"的一声后，快速将电弧移到任意一坡口面，然后在两坡口间以一定的焊条倾角（不同焊接位置倾角不同）做似停非停的微小摆动，当电弧将两坡口根部两侧各熔化 1.5mm 左右，将焊条提起以小锯齿形运条法做横向摆动，使电弧以一定长度一边熔化熔孔前沿一边向前焊接。焊接时，要保证焊条中心对准熔池的前沿与母材交界处，使熔池之间相互重叠。在焊接过程中要严格控制熔孔的大小。熔孔过大，背面焊缝过高，有的会产生焊瘤；熔孔过小，会产生未焊透或未熔合等缺欠。如果焊接需要接头，收弧时要注意缓慢地将焊条向熔池斜后方带一下后提起收弧。接头时先在距离弧坑 1.0~1.5mm 处引弧，然后将电弧移到弧坑的一半处，压低电弧，当听到"噗"的一声后，再做 1~2s 的似停非停的微小摆动之后将电弧提起继续焊接。

（1）平焊的操作要点。平焊的操作难点是更换焊条，在接头处容易产生冷缩孔或焊缝脱节。一般收弧前首先在熔池前方做一熔孔，然后再将电弧向坡口一侧 10~15mm 处收弧。快速换好焊条后，在距离弧坑 10~15mm 处引弧，运条到弧坑根部，压低电弧，当听到"噗"声后停顿 2s 左右，再提起焊条继续焊接，工件背面应保持 1/3 弧柱长度。

（2）立焊的操作要点。立焊时，为了避免产生咬边，横向摆动向上的幅度要小些。做击穿动作时，焊条倾角要略大于 90°，出现熔孔后立即恢复到原角度（45°~60°）。在保证背面成形良好的情况下，焊缝越薄越好。在焊缝接头处，最好将其修磨成缓坡后再进行接头操作。焊接时，保证工件背面有 1/2 的弧柱长度。

（3）横焊的操作要点。首先在上坡口处引弧，然后将电弧带到上坡口根部，等坡口根部的钝边熔化后，再将金属液带到下坡口根部，形成第一个熔池后，再击穿熔池。为了防止金属液下淌，电弧从上侧到下侧的速度要慢一些，从下侧到上侧的速度要快一些。尽量采用短弧焊接。工件背面应保持 2/3 弧柱。

（4）仰焊的操作要点。必须采用短弧焊接，利用电弧吹力拖住金属液，同时将一部分金属液送入工件背面。新熔池要与前熔池重叠一半左右并适当加快焊接速度，形成较薄的焊缝。焊条与工件两侧夹角一般是 90°，与焊接方向呈 70°～80° 夹角。焊接时，工件背面应保持 2/3 弧柱。

各种位置连弧焊法的焊接参数如表 2-1 所示。

表 2-1　连弧焊法的焊接参数

焊接位置	板厚（mm）	焊条型号	焊条直径 φ（mm）	焊接电流 I（A）
平焊	8～12	E5015	3.2	80～90
立焊	8～12	E5015	3.2	70～80
横焊	8～12	E5015	3.2	75～85
仰焊	8～12	E5015	3.2	75～85

第十节　挑弧法焊接操作要点

当电弧在工件上形成一个不大的熔池后，将电弧向前或向两侧移开，电弧移动的距离要小于 12mm，弧长不超过 6mm，如

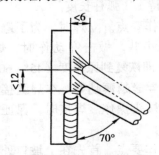

图 2-41　挑弧法焊接示意图（单位：mm）

图 2-41 所示。这时熔化金属迅速冷却、凝固形成一个台阶，当熔池缩小到焊条的 1~1.5 倍时，再将电弧移到台阶上面，在台阶上面形成新的熔池。这样不断重复熔化、冷却、凝固，就能堆集成一条焊缝。挑弧法焊接多用于立焊操作。

第三章　熔化极气体保护焊

第一节　钨极氩弧焊

一、焊枪操作要点

（一）持枪方法

正确选择和掌握持枪方法，是焊接操作顺利进行与获得高质量焊缝的保证。持枪方法如图 3-1 所示。

（1）图 3-1a 为"T"形焊枪握法之一，用于 150A、200A、300A"T"形焊枪，应用较广。

（2）图 3-1b 为"T"形焊枪握法之二，用于 150A、200A"T"形焊枪。此种握法最稳，适用于焊接要求严格处。

（3）图 3-1c 为"T"形焊枪握法之三，用于 500A"T"形焊枪。焊接厚板及立焊、仰焊时多采用此种握法，对于 150A、200A、300A"T"形焊枪也可采用此种握法。

对于操作不熟练者，在采用图 3-1c 中持枪方法时，可将其余 3 指触及焊缝旁作为支点，也可用其中 2 指或 1 指作支点。要稍用力握住焊枪，这样才能有效地保证电弧长度稳定。左手持焊丝，严防焊丝与钨极接触，以免产生飞溅、夹钨，破坏气体保护层，影响焊缝质量。

（二）平焊时焊枪、焊丝与工件的角度

在平焊时，焊枪、焊丝与工件的角度如图 3-2 所示。焊枪角度过小，会降低氩气保护效果；焊枪角度过大，操作和填丝比较困难。对某些易被空气污染的材料，如钛合金等，应尽可能使焊枪与工件夹角为 90°，以确保氩气保护效果良好。

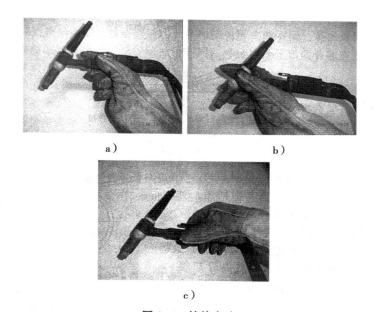

a ）   b ）

c ）

图 3-1 持枪方法

a）三指后握；b）三指前握；c）全手后握

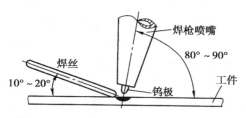

图 3-2 平焊时焊枪、焊丝与工件的角度

（三）环焊时焊枪、焊丝与工件的角度

环焊时，焊枪、焊丝与工件的角度和平焊区别不大，但工件的转动是逆着焊接方向的，如图 3-3 所示。

（四）焊枪运走形式

在焊接过程中，焊枪从右向左移动，焊接电弧指向待焊部

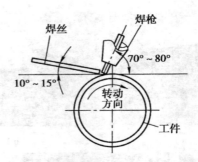

图 3-3 环焊时焊枪、焊丝与工件的角度

分，焊丝位于电弧，这种方法称作左焊法。在焊接过程中，焊枪从左向右移动，焊接电弧指向已焊部分，焊丝位于电弧后面，这种方法称作右焊法。

左焊法便于观察和控制熔池温度，操作者易于掌握。适宜于焊接薄板和对质量要求较高的不锈钢、高温合金。由于电弧指向未焊部分，有预热作用，故焊速快，焊缝窄，焊缝在高温停留时间短，对细化焊缝金属晶粒有利。

右焊法不便于观察和控制熔池，但由于右焊法焊接电弧指向已凝固的焊缝金属，使熔池冷却缓慢，有利于改善焊缝金属组织，减少气孔、夹渣。在相同能量时，右焊法比左焊法熔深大，适合于焊接厚度较大、熔点较高的工件。

钨极氩弧焊一般采用左焊法，焊枪作直线移动，但为了获得比较宽的焊缝，保证两侧熔合质量，氩弧焊枪也可作横向摆动，同时焊丝随焊枪的摆动而摆动，为了不破坏氩气对熔池的保护，摆动频率不能太高，幅度不能太大，喷嘴高度保持不变。常用的焊枪运走形式有直线移动形和横向摆动形两种。

（1）直线移动。根据所焊材料和厚度不同，通常有直线匀速移动和直线断续移动两种方法。

①直线匀速移动是指焊枪沿焊缝作平稳的直线匀速移动，适合于不锈钢、耐热钢等薄件的焊接。其优点是电弧稳定，避

免焊缝重复加热，氩气保护效果好，焊接质量稳定。

②直线断续移动主要用于中等厚度材料（3~6mm）的焊接。在焊接过程中，焊枪按一定的时间间隔停留和移动。一般在焊枪停留时，当熔池熔透后，加入焊丝，接着沿焊缝纵向作间断的直线移动。

（2）横向摆动。根据焊缝的尺寸和接头形式的不同，要求焊枪作小幅度的横向摆动，按摆动方法不同，可分为月牙形摆动和斜月牙形摆动两种形式。

①月牙形摆动是指焊枪的横向摆动是划弧线，两侧略停顿并平稳向前移动，如图3-4所示。这种运动适用于大的"T"字形角焊、厚板的搭接角度焊、开"V"形及双"V"形坡口的对接焊或特殊要求加宽的焊接。

图3-4 月牙形摆动

②斜月牙形摆动是指焊枪在沿焊接方向移动过程中划倾斜的圆弧，如图3-5所示。这种运动适用于不等厚的角接焊和对接焊的横向焊缝。焊接时，焊枪略向厚板一侧倾斜，并在厚板一侧停留时间略长。

图3-5 斜月牙形摆动

二、引弧和收弧操作要点

（一）引弧

钨极氩弧焊一般有短路引弧和引弧器引弧两种方法。

（1）短路引弧。短路引弧是钨极与引弧板或工件接触引燃电弧的方法。按操作方式，又可分为直接接触引弧和间接接触引弧。

①直接接触引弧法是指钨极末端在引弧板表面瞬间擦过，像划弧似的逐渐离开引弧板，引燃后将电弧带到被焊处焊接，引弧板可采用纯铜或石墨板。引弧板可安放在焊缝上，也可错开放置，如图 3-6 所示。

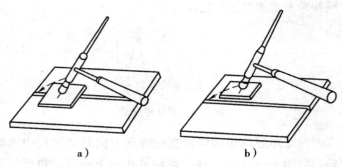

图 3-6　直接接触引弧法
a）压缝式；b）错开式

②间接接触引弧法是指钨极不直接与工件接触，而是将末端离开工件 4~5mm，利用填充焊丝在钨极与工件之间，从内向外迅速划擦过去，使钨极通过焊丝与工件间接短路，引燃后将电弧移至施焊处焊接。划擦过程中，如焊丝与钨极接触不到可增大角度，或减小钨极至工件的距离，如图 3-7 所示。此法操作简便，应用广泛，不易产生粘接。

不允许钨极直接与试板或坡口面接触引弧。

短路引弧的缺点是引弧时钨极损耗大，钨极端部形状容易

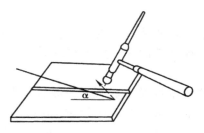

图 3-7 间接接触引弧法

被破坏，所以仅当焊机没有引弧器时才使用。

（2）引弧器引弧。包括高频引弧和高压脉冲引弧，如图 3-8 所示。高频引弧是利用高频振荡器产生的高频高压击穿钨极与工件之间的气体间隙而引燃电弧；高压脉冲引弧是在钨极与工件之间加一个高压脉冲，使两极间气体介质电离而引燃电弧。

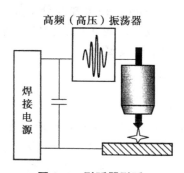

图 3-8 引弧器引弧

高频引弧与高压脉冲引弧操作时钨极不与工件接触，保持 3~4mm 的距离，通过焊枪上的启动按钮直接引燃电弧。引弧处不能在工件坡口外面的母材上，以免造成弧斑，损伤工件表面，引起腐蚀或裂纹。引弧处应在起焊处前 10mm 左右，电弧稳定后，移回焊接处进行正常焊接。此种引弧法效果好，钨极端头损耗小，引弧处焊接质量高，不会产生夹钨缺欠。

(二) 收弧

收弧是保证焊接质量的重要环节，若收弧不当，易引起弧坑裂纹、烧穿、缩孔等缺欠，影响焊缝质量。一般采用以下几种收弧方法。

(1) 利用电流衰减装置收弧。一般氩弧焊设备都配有电流衰减装置。收弧后，氩气开关应延时 10s 左右再关闭（一般设备上都有提前送气与滞后关气装置），防止金属在高温下继续氧化。

(2) 改变操作方法收弧。若无电流衰减装置，多采用改变操作方法收弧，其基本要点是逐渐减少热量输入，即采取减小焊枪与工件夹角、拉长电弧或加快焊接速度的方法收弧。此时，使电弧热量主要集中在焊丝上，同时加快焊速，增大送丝量，将弧坑填满后收弧。对于管子封闭焊缝，收弧时一般是稍拉长电弧，重叠焊缝 20~40mm，在重叠部分不加或少加焊丝。收弧后氩气开关应延迟一段时间再关闭，使氩气保护收弧处一段时间，防止金属在高温下继续氧化。

三、填丝操作要点

(一) 填丝方法

钨极氩弧焊时，填丝的方法有断续填丝和连续填丝两种。

(1) 断续填丝法。以左手拇指、食指、中指捏紧焊丝，焊丝末端始终处于氩气保护区内。手指不动，只起夹持作用，靠手或小臂沿焊缝前后移动和手腕的上下反复动作，将焊丝加入熔池。此法适用于对接间隙较小、有垫板的薄板或角焊缝的焊接，在全位置焊接时多采用此法。但此方法使用电流小，焊接速度较慢，当坡口间隙过大或电流不合适时，熔池温度难于控制，易产生塌陷。

(2) 连续填丝法。这种方法对保护层的扰动小，它要求焊丝比较平直，将焊丝夹持在左手大拇指的虎口处，前端夹持在中指和无名指之间，靠大拇指来回反复均匀地用力，推动焊丝向前送向熔池中。中指和无名指夹稳焊丝并控制和调节方向，手背可依靠在工件上增加其稳定性，大拇指的往返推动频率可由填充量及焊接速度而定，如图3-9所示。连续填丝时手臂动作不大，待焊丝快用完时才前移。采用连续填丝法，对于要求双面成形的工件，速度快且质量好，可以有效地避免内部凹陷。

图3-9 连续填丝操作方法

（二）填丝注意事项

（1）必须等坡口两侧熔化后才能填丝，以免造成熔合不良。

（2）不要把焊丝直接放在电弧下面，以免发生短路，送丝的正确位置如图3-10所示。

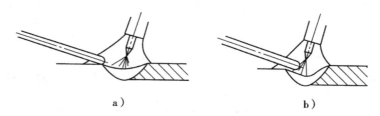

a) b)

图3-10 送丝的正确位置

a）正确；b）不正确

（3）夹持焊丝不能太紧，以免送丝不动。送丝时，注意焊丝与工件的夹角为15°，从熔池前沿点进，随后撤回，如此反复动作。焊丝端头应始终处在氩气保护区内，以免高温氧化，造成焊接缺欠。

（4）坡口间隙大于焊丝直径时，焊丝应随电弧作同步横向摆动，送丝速度均应与焊接速度相适应。

（5）焊丝加入动作要熟练、速度要均匀。如果速度过快，焊缝余高大；过慢则焊缝易出现下凹和咬边现象。

（6）撤回焊丝时，不要让焊丝端头撤出氩气保护区，以免焊丝端头被氧化，否则会造成氧化物夹渣或产生气孔。

（7）不要使钨极与焊丝相碰，否则会发生短路，产生很大的飞溅，造成焊缝污染或夹钨。

（8）不要将焊丝直接伸入熔池中央或在焊缝内横向来回摆动。

四、钨极氩弧薄板平对接焊操作要点

薄板是指厚度在 6mm 以下的板材。

（一）焊接参数

钨极氩弧薄板平对接焊的工艺参数如表 3-1 所示。

表 3-1　平板对接焊的工艺参数

焊接层次	焊接电流（A）	电弧电压（V）	氩气流量（L/min）	钨极直径	焊丝直径	钨极伸出长度	喷嘴直径	喷嘴至工件距离
						（mm）		
打底焊	90~100							
填充焊	100~110	12~16	7~9	2.5	2.5	4~8	10	12
盖面焊	110~120							

（二）焊层及焊缝

薄板对接平焊采用左焊法，焊接层次为 3 层 3 道，如图 3-11所示。

（三）操作要点

平焊是最容易的焊接位置，首先要进行定位焊，其次再开始打底焊，在定位焊缝上引燃电弧后，焊枪停留在原位置不动，稍微预热后，当定位焊缝外侧形成熔池，并出现熔孔后，开始

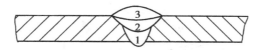

图 3-11　薄板对接平焊位置手工钨极氩弧焊焊层及焊缝

填充焊丝，焊枪稍作摆动向左焊接。

（1）打底焊时，应减小焊枪角度，使电弧热量集中在焊丝上，采取较小的焊接电流，加快焊接速度和送丝速度，避免焊缝下凹和烧穿。焊接过程中注意焊接参数的变化及其相互关系，焊枪移动要平稳，速度要均匀，随时调整焊接速度和焊枪角度，保证背面焊缝成形良好。平焊焊枪角度与填丝位置如图 3-12 所示。

若发现熔池增大，焊缝变宽，并出现下凹时，说明熔池温度过高，应减小焊枪倾角，加快焊接速度；若熔池变小，说明熔池温度低，有可能产生未焊透和未熔合，应增大焊枪倾角，减慢焊接速度，以保证打底层焊缝质量。在整个焊接过程中，焊丝始终应处在氩气保护区内，防止高温氧化。同时，要严禁钨极端部与焊丝、工件接触，以防产生夹钨，影响焊接质量。当更换焊丝或暂停焊接时，需要接头。这时松开焊枪上的按钮开关，停止送丝，借助焊机的电流衰减装置熄弧，但焊枪仍须对准熔池进行保护，待其完全冷却后方能移开焊枪。若焊机无电流衰减功能时，则松开按钮开关后，应稍抬高焊枪，待电弧熄灭、熔池完全冷却凝固后才能移开焊枪。在接头处要检查原弧坑处的焊缝质量，当保护较好、无氧化物等缺欠时，则可直接接头；当有缺欠时，则须将缺欠修磨掉，并将其前端打磨成斜面。在弧坑右侧 15~20mm 处引弧，并慢慢向左移动，待弧坑处开始熔化，并形成熔池和熔孔后，继续填丝焊接。收弧时要减小焊枪与工件的夹角，加大焊丝熔化量，填满弧坑。

在焊缝末端收弧时，应减小焊枪与工件的夹角，使电弧热量集中在焊丝上，加大焊丝熔化量，填满弧坑，然后切断电源，

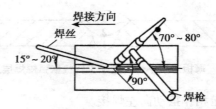

图 3-12 平焊焊枪角度与填丝位置

待氩气延时 10s 左右停止供气后，再移开焊枪和焊丝。

（2）打底焊完成以后，要进行填充焊。填充焊焊接前，应先检查根部焊缝表面有无氧化皮和缺欠，如有须进行打磨处理，同时增大焊接电流。填充焊接时的注意事项同打底焊，焊枪的横向摆动幅度比打底焊时稍大。在坡口两侧稍加停留，保证坡口两侧熔合好，焊缝均匀。填充焊时不要熔化坡口的上棱边，焊缝比工件表面低 1mm 左右。

（3）盖面焊时焊枪与焊丝角度不变，但应进一步加大焊枪摆动幅度，并在焊缝边缘稍停顿，使熔池熔化两侧坡口边缘各 0.5~1mm，根据焊缝的余高决定填丝速度，以确保焊缝尺寸符合要求。

第二节　　CO_2 气体保护焊

一、CO_2 气体保护焊焊枪操作要点

（一）持枪姿势

半自动 CO_2 焊接时，焊枪上接有焊接电缆、控制电缆、气管、水管及送丝软管等，焊枪的重量较大，操作者操作时很容易疲劳，而使操作者很难握紧焊枪，影响焊接质量。因此，应该尽量减轻焊枪把线的重量，并利用肩部、腿部等身体的可利用部位，减轻手臂的负荷，使手臂处于自然状态，手腕能够灵活带动焊枪移动。正确的持枪姿势如图 3-13 所示，若操作不熟练时，最好双手持枪。

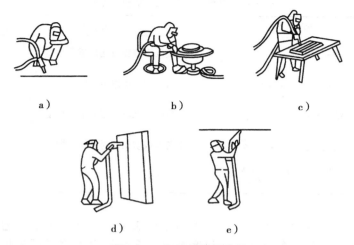

图 3-13　正确的持枪姿势

a) 蹲位平焊；b) 坐位平焊；c) 立位平焊；d) 站位立焊；e) 站位仰焊

（二）焊枪与工件的相对位置

在焊接过程中，应保持一定的焊枪角度和喷嘴到工件的距离，并能清楚地观察熔池。同时还要注意焊枪移动的速度要均匀，焊枪要对准坡口的中心线等。通常情况下，操作者可根据焊接电流的大小、熔池形状、装配情况等适当调整焊枪的角度和移动速度。

（三）送丝机与焊枪的配合

送丝机要放在合适的位置，保证焊枪能在需要焊接的范围内自由移动。焊接过程中，软管电缆最小曲率半径要大于30mm，以便焊接时可随意拖动焊枪。

（四）焊枪摆动形式

为了控制焊缝的宽度和保证熔合质量，CO_2气体保护焊焊枪要作横向摆动。焊枪的摆动形式及应用范围如表3-2所示。

表 3-2　焊枪的摆动形式及应用范围

摆动形式	用　途
←———————	薄板及中厚板打底焊道
∿∿∿∿∿∿∿	坡口小时及中厚板打底焊道
ΛΛΛΛΛ	焊厚板第二层以后的横向摆动
←⌒⌒⌒⌒	平角焊或多层焊时的第一层
∿∿∿∿∿∿	坡口大时

　　为了减少输入能量，从而减小热影响区，减小变形，通常不采用大的横向摆动来获得宽焊缝，多采用多层多道焊来焊接厚板，当坡口较小时，如焊接打底焊缝时，可采用较小的锯齿形横向摆动，如图 3-14 所示，其中在两侧各停留 0.5s 左右。

　　当坡口较大时，可采用弯月形的横向摆动，如图 3-15 所示，两侧同样停留 0.5s 左右。

图 3-14　锯齿形的横向摆动

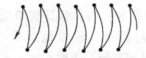

图 3-15　弯月形的横向摆动

二、CO_2 气体保护焊引弧操作要点

　　CO_2 气体保护焊的引弧不采用划擦式引弧，主要是碰撞引弧，但引弧时不必抬起焊枪。具体操作步骤如下。

（1）引弧前先按遥控盒上的点动开关或按焊枪上的控制开关，点动送出一段焊丝，焊丝伸出长度小于喷嘴与工件间应保持的距离，超长部分应剪去，如图3-16所示。若焊丝的端部出现球状时，必须剪去，否则引弧困难。

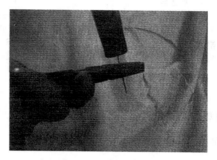

图3-16　引弧前剪去超长的焊丝

（2）将焊枪按要求放在引弧处，注意此时焊丝端部与工件未接触，喷嘴高度由焊接电流决定，如图3-17所示。

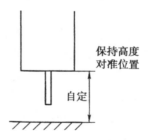

图3-17　准备引弧

（3）按焊枪上的控制开关，焊机自动提前送气，延时接通电源，并保持高电压、慢送丝，当焊丝碰撞工件短路后自动引燃电弧。短路时，焊枪有自动顶起的倾向，故引弧时要稍用力向下压焊枪，保证喷嘴与工件间距离，防止因焊枪抬起太高导致电弧熄灭，如图3-18所示。

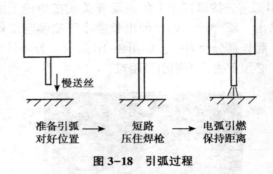

准备引弧 → 短路 → 电弧引燃
对好位置　　压住焊枪　　保持距离

图 3-18　引弧过程

三、CO₂气体保护焊收弧操作要点

CO_2气体保护焊在收弧时与焊条电弧焊不同，不要像焊条电弧焊那样习惯地把焊枪抬起，这样会破坏对熔池的有效保护，容易产生气孔等缺欠。正确的操作方法是在焊接结束时，松开焊枪开关，保持焊枪到工件的距离不变，一般CO_2气体保护焊有弧坑控制电路，此时焊接电流与电弧电压自动变小，待弧坑填满后，电弧熄灭。

操作时需特别注意，收弧时焊枪除停止前进外，不能抬高喷嘴，即使弧坑已填满，电弧已熄灭，也要让焊枪在弧坑处停留几秒钟后才能移开。因为灭弧后，控制线路仍保证延迟送气一段时间，以保证熔池凝固时能得到可靠的保护，若收弧时抬高焊枪，则容易因保护不良产生焊接缺欠。

四、CO₂气体保护焊操作要点

CO_2气体保护焊薄板对接一般都采用短路过渡，随着工件厚度的增大，大多采用颗粒过渡，这时熔深较大，可以提高单道焊的厚度或减小坡口尺寸。

（一）焊接方向

一般情况下采用左焊法，其特点是易观察焊接方向，熔池在电弧的作用下熔化，金属被吹向前方，使电弧不作用在母材上，熔深较浅，焊缝平坦且较宽，飞溅较大，保护效果好，如图 3-19 所示。

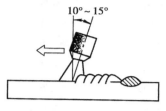

图 3-19　左焊法

在要求焊缝有较大熔深和较小飞溅时采用右焊法，但不易得到稳定的焊缝，焊缝高而窄，易烧穿，如图 3-20 所示。

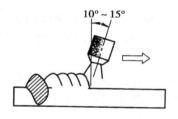

图 3-20　右焊法

（二）焊丝直径

焊丝直径对焊缝熔深及熔敷速度有较大影响，当电流相同时，随着焊丝直径的减小，焊缝熔深增大，熔敷速度也增大。

实芯焊丝的 CO_2 气体保护焊丝直径的范围较窄，一般在 0.4~5mm，半自动焊多采用直径 0.4~1.6mm 的焊丝，而自动焊常采用较粗的焊丝。焊丝直径应根据工件厚度、焊接位置及生产率的要求来选择。当采用立焊、横焊、仰焊焊接薄板或中厚板时，多选用直径 1.6mm 以下的焊丝；在平焊位置焊接中厚板时可选用直径 1.2mm 以上的焊丝。焊丝直径的选择如表 3-3 所示。

表 3-3 焊丝直径的选择

焊丝直径（mm）	工件厚度（mm）	施焊位置	熔滴过渡形式
0.8	1~3	各种位置	短路过渡
1.0	1.5~6	各种位置	短路过渡
1.2	2~12	各种位置	短路过渡
	中厚	平焊、平角焊	细颗粒过渡
1.6	6~25	各种位置	短路过渡
	中厚	平焊、平角焊	细颗粒过渡
2.0	中厚	平焊、平角焊	细颗粒过渡

（三）焊接电流

焊接电流影响焊缝熔深及熔敷速度的大小。如果焊接电流过大，不仅容易产生烧穿、裂纹等缺欠，而且工件变形量大，飞溅也大；若焊接电流过小，则容易产生未焊透、未熔合、夹渣等缺欠及焊缝成形不良。通常，在保证焊透、焊缝成形良好的前提下，尽可能选用较大电流，以提高生产率。

每种直径的焊丝都有一个合适的焊接电流范围，只有在这个范围内焊接过程才能稳定进行。当焊丝直径一定时，随焊接电流增加，熔深和熔敷速度均相应增大。

焊接电流主要根据工件厚度、焊丝直径、焊接位置及熔滴过渡形式来决定。焊丝直径与焊接电流的关系见表 3-4。

表 3-4 焊丝直径与焊接电流的关系

焊丝直径（mm）	电流范围（A）	材料厚度（mm）
0.6	40~100	0.6~1.6
0.8	50~150	0.8~2.3
0.9	70~200	1.0~3.2
1.0	90~250	1.2~6
1.2	120~350	2.0~10

（续表）

焊丝直径（mm）	电流范围（A）	材料厚度（mm）
>1.2	≥300	>6.0

（四）焊接电压

焊接电压应与焊接电流配合选择，电压过高或过低都会影响电弧的稳定性，使飞溅增大。随焊接电流增加，电弧电压也相应增大。

（1）通常短路过渡时，电流不超过200A，电弧电压可用式 $U=0.04I+16\pm2$ 计算，式中 U 为电弧电压，单位为 V；I 为焊接电流，单位为 A。

（2）细颗粒过渡时，电流一般大于200A，电弧电压可用式 $U=0.04I+20\pm2$ 计算，式中 U 为电弧电压，单位为 V；I 为焊接电流，单位为 A。

（3）焊接位置的不同，焊接电流和电压也要进行相应修正，如表3-5所示。

表3-5 CO_2 气体保护焊不同焊接位置电流与电压的关系

焊接电流（A）	电弧电压（V）	
	平焊	立焊和仰焊
70~120	18~21.5	18~19
120~170	19~23.5	18~21
170~210	19~24	18~22
210~260	21~25	—

（4）焊接电缆加长时，还要对电弧电压进行修正，表3-6是电缆长度与电流、电压增加值的关系。

（五）电源极性

CO_2 气体保护焊时一般都采用直流反接，直流反接具有电弧稳定性好、飞溅小及熔深大等特点。此时焊接过程稳定，飞溅较小。

直流正接时，在相同的焊接电流下，焊丝熔化速度大大提高，约为反接时的 1.6 倍，焊接过程不稳定，焊丝熔化速度快、熔深浅、堆高大，飞溅增多，主要用于堆焊及铸铁补焊。

表 3-6　电缆长度与电流、电压增加值的关系

电缆长＼电流	100A	200A	300A	400A	500A
10m	约1V	约1.5V	约1V	约1.5V	约2V
15m	约1V	约2.5V	约2V	约2.5V	约3V
20m	约1.5V	约3V	约2.5 V	约3V	约4V
25m	约2V	约3.5V	约4V	约4V	约5V

（六）CO_2 气体流量

在正常焊接情况下，保护气体流量与焊接电流有关，一般在 200A 以下焊接时为 10~15L/min，在 200A 以上焊接时为 15~25L/min。保护气体流量过大和过小都会影响保护效果。影响保护效果的另一个因素是焊接区附近的风速，在风的作用下，保护气流被吹散，使电弧、熔池及焊丝端头暴露于空气中，破坏保护。一般当风速在 2m/s 以上时，应停止焊接。

（七）焊丝伸出长度

焊丝伸出长度是指导电嘴到工件之间的距离，焊接过程中，保证合适的焊丝伸出长度是保证焊接过程稳定的重要因素之一。由于 CO_2 气体保护焊的电流密度较高，当送丝速度不变时，如果焊丝伸出长度增加，焊丝的预热作用较强，焊丝容易发生过热而成段熔断，使得焊丝熔化的速度加快，电弧电压升高，焊接电流减小，造成熔池温度降低，热量不足，容易引起未焊透等缺欠。同时电弧的保护效果变坏，焊缝成形不好，熔深较浅，飞溅严重。当焊丝伸出长度减小时，焊丝的预热作用减小，熔深较大，飞溅少，但是如果焊丝伸出长度过小，影响观察电弧，且飞溅金属容易堵塞喷嘴，导电嘴容易过热烧坏，阻挡焊工视线，不利于操作。

焊丝的伸出长度对焊缝成形的影响如图 3-21 所示。

对于不同直径、不同材料的焊丝，允许的焊丝伸出长度不同。焊丝伸出长度的允许值如表 3-7 所示。

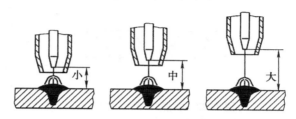

图 3-21　焊丝的伸出长度对焊缝成形的影响

表 3-7　焊丝伸出长度的允许值

焊丝直径（mm）	焊丝伸出长度（mm）
0.8	5~12
1.0	6~13
1.2	7~15
1.6	8~16
≥2.0	9~18

五、CO_2 气体保护焊平焊操作要点

（1）最佳焊枪角度如图 3-22 所示。

（2）在离工件右端定位焊焊缝约 20mm 坡口的一侧引弧，然后开始向左焊接，焊枪沿坡口两侧作小幅度横向摆动，并控制电弧在离底边 2~3mm 处燃烧，当坡口底部熔孔直径达 3~4mm 时，转入正常焊接，如图 3-23 所示。

（3）焊接时，电弧始终在坡口内作小幅度横向摆动，并在

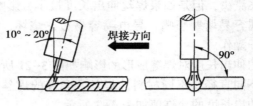

图 3-22 最佳焊枪角度

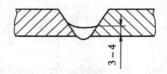

图 3-23 打底焊缝（单位：mm）

坡口两侧稍作停顿，使熔孔深入坡口两侧各 0.5~1mm。焊接时应根据间隙和熔孔直径的变化调整横向摆动幅度和焊接速度，尽可能维持熔孔直径不变，获得宽窄和高低均匀的反面焊缝，以有效避免出现气孔。

（4）熔池停留时间也不宜过长，否则易出现烧穿。正常熔池呈椭圆形，如出现椭圆形熔池被拉长，即为烧穿前兆。此时应根据具体情况，改变焊枪操作方式来防止烧穿。

（5）注意焊接电流和电弧电压的配合，电弧电压过高，易引起烧穿，甚至熄弧；电弧电压过低，则在熔滴很小时就引起短路，并产生严重飞溅。

（6）严格控制喷嘴的高度，电弧必须在离坡口底部 2~3mm 处燃烧。

六、CO_2 气体保护焊立焊操作要点

CO_2 气体保护焊立焊有向上焊接和向下焊接两种，一般情况下，板厚不大于 6mm 时，采用向下立焊的方法，如果板厚大于 6mm，则采用向上立焊的方法。

（一）　向下立焊

（1）CO_2气体保护焊向下立焊的最佳焊枪角度如图 3-24 所示。

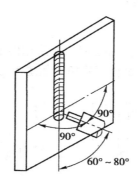

图 3-24　向下立焊的最佳焊枪角度

（2）在工件的顶端引弧，注意观察熔池，待工件底部完全熔合后，开始向下焊接。焊接过程采用直线运条，焊枪不作横向摆动。

由于铁液自重影响，为避免熔池中铁液流淌，在焊接过程中应始终对准熔池的前方，对熔池起到上托的作用，如图 3-25a 所示。如果掌握不好，则会出现铁液流到电弧的前方，如图 3-

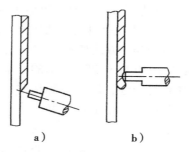

图 3-25　焊枪与熔池的关系

a）对准熔池前方；b）电弧吹力上推铁液

25b 所示。此时应加速焊枪的移动，并应减小焊枪的角度，靠电弧吹力把铁液推上去，避免产生焊瘤及未焊透缺欠。

（3）当采用短路过渡方式焊接时，焊接电流较小，电弧电压较低，焊接速度较快。

（二）向上立焊

当工件的厚度大于 6mm 时，应采用向上立焊。

（1）向上立焊的最佳焊枪角度如图 3-26 所示。

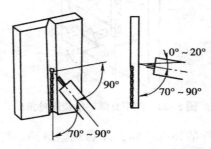

图 3-26　向上立焊的最佳焊枪角度

（2）向上立焊时的熔深较大，容易焊透。虽然熔池的下部有焊缝依托，但熔池底部是个斜面，熔融金属在重力作用下比较容易下淌，因此，很难保证焊缝表面平整。为防止熔融金属下淌，必须采用比平焊稍小的电流，焊枪的摆动频率应稍快，采用锯齿形节距较小的摆动方式进行焊接，使熔池小而薄，熔滴过渡采用短路过渡形式。向上立焊时的熔孔与熔池如图 3-27 所示。

（3）向上立焊时的摆动方式如图 3-28 所示。当要求较小的焊缝宽度时，一般采用如图 3-28a 所示的小幅度摆动，此时热量比较集中，焊缝容易凸起，因此在焊接时，摆动频率和焊接速度要适当加快，严格控制熔池温度和大小，保证熔池与坡口两侧充分熔合。如果需要焊脚尺寸较大时，应采用如图 3-28b 所示的上凸月牙形摆动方式，在坡口中心移动速度要快，而在坡口两侧稍加停留，以防止咬边。注意焊枪摆动要采用上凸的月牙形，不要采用如图 3-28c 所示的下凹月牙形。因为下凹月

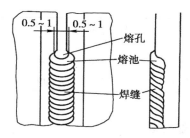

图 3-27 向上立焊时的熔孔与熔池（单位：mm）

牙形的摆动方式容易引起金属液下淌和咬边，焊缝表面下坠，成形不好。

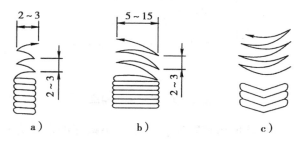

图 3-28 向上立焊时的摆动方式（单位：mm）

a）小幅度锯齿形摆动；b）上凸月牙形摆动；c）不正确的下凹月牙形摆动

七、CO_2气体保护焊横焊操作要点

对于较薄的工件（厚度不大于 3.2mm），焊接时一般进行单层单道横焊。较厚的工件（厚度大于 3.2mm），焊接时采用多层焊。横向对接焊的焊接参数如表 3-8 所示。

表 3-8 横向对接焊的焊接参数

工件厚度（mm）	装配间隙（mm）	焊丝直径（mm）	焊接电流（A）	电弧电压（V）
≤3.2	0	1.0 1.2	100~150	18~21

（续表）

工件厚度 （mm）	装配间隙 （mm）	焊丝直径 （mm）	焊接电流 （A）	电弧电压 （V）
3.2~6.0	1~2	1.0 1.2	100~160	18~22
≥6.0	1~2	1.2	110~210	18~24

（一）单层单道横焊

（1）单道焊缝一般都采用左焊法，最佳焊枪角度如图3-29所示。

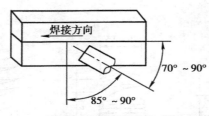

图3-29　最佳焊枪角度

（2）当要求焊缝较宽时，可采用小幅度的摆动方式，如图3-30所示。横焊时摆幅不要过大，否则容易造成金属液下淌，多采用较小的规范参数进行短路过渡。

a）　　　　　　　　　　　b）

图3-30　横焊时的焊枪角度
a）锯齿形摆动；b）小圆弧形摆动

（二）多层焊

（1）焊接第一层焊缝时，焊枪的仰角为0°~10°，并指向顶角位置，如图3-31所示。采用直线形或小幅度摆动焊接，根据装配间隙调整焊接速度及摆动幅度。

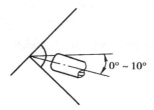

图 3-31　焊接第一层焊缝时焊枪的角度

（2）焊接第二层焊缝的第一条焊缝时，焊枪的仰角为 0°～10°，如图 3-32 所示。焊枪以第一层焊缝的下缘为中心做横向小幅度摆动或直线形运动，保证下坡口处熔合良好。

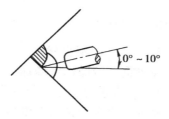

图 3-32　焊接第二层第一条焊缝时焊枪的角度

（3）焊接第二层的第二条焊缝时焊枪的角度为 0°～10°，如图 3-33 所示。并以第一层焊缝的上缘为中心进行小幅度摆动或直线形移动，保证上坡口熔合良好。

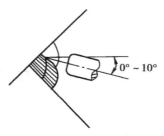

图 3-33　焊接第二层第二条焊缝时焊枪的角度

（4）第三层以后的焊缝与第二层类似，由下往上依次排列焊缝，如图3-34所示。在多层焊接中，中间填充层的焊缝焊接规范可稍大些，而盖面焊时电流应适当减小。

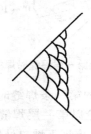

图3-34　多层焊时的焊缝排布

八、CO_2气体保护焊仰焊操作要点

仰焊时，操作者处于一种不自然的位置，很难稳定操作；同时由于焊枪及电缆较重，给操作者增加了操作的难度；仰焊时的熔池处于悬空状态，在重力作用下很容易造成金属液下落，主要靠电弧的吹力和熔池的表面张力来维持平衡，如果操作不当，容易产生烧穿、咬边及焊缝下垂等缺欠。

（1）仰焊时，为了防止液态金属下坠引起的缺欠，通常采用右焊法，这样可增加电弧对熔池的向上吹力，有效防止焊缝背凹的产生，减小液态金属下坠的倾向。

（2）CO_2气体保护焊仰焊时的最佳焊枪角度如图3-35所示。

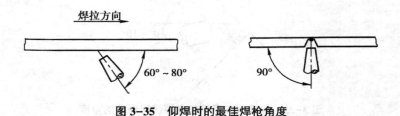

图3-35　仰焊时的最佳焊枪角度

（3）为了防止导电嘴和喷嘴间有粘接、阻塞等现象，一般在喷嘴上涂硅油作为防堵剂。

（4）首先在试板左端定位焊缝处引弧，电弧引燃后焊枪作小幅度锯齿形横向摆动向右进行焊接。当把定位焊缝覆盖，电弧到达定位焊缝与坡口根部连接处时，将坡口根部击穿，形成熔孔并产生第一个熔池，即转入正常施焊。

（5）注意一定使电弧始终不脱离熔池，并利用其向上的吹力阻止熔化金属下淌。

（6）焊丝摆动幅度要小，并要均匀，防止外穿丝。如发生穿丝时，可以将焊丝回拉少许，把穿出的焊丝重新熔化掉再继续施焊。

（7）当焊丝用完或者由于送丝机构、焊枪发生故障，需要中断焊接时，焊枪不要马上离开熔池，应稍作停顿。如有可能，应将焊枪移向坡口侧再停弧，以防止产生缩孔和气孔。

（8）接头时，焊丝的顶端应对准缓坡的最高点引弧，然后以锯齿形摆动焊丝，将焊缝缓坡覆盖。当电弧到达缓坡最低处时，稍压低电弧，转入正常施焊。

（9）如果工件较厚，需开坡口采用多层焊接。多层焊的打底焊时，与单层单道焊类似。填充焊时要掌握好电弧在坡口两侧的停留时间，保证焊缝之间、焊缝与坡口之间熔合良好。填充焊的最后一层焊缝表面应距离工件表面 1.5~2mm，不要将坡口棱边熔化。盖面焊应根据填充焊缝的高度适当调整焊接速度及摆幅，保证焊缝表面平滑，两侧不咬边，中间不下坠。

第四章 气焊与气割

气焊是利用气体燃烧所产生的高温火焰来进行焊接的，火焰一方面把工件接头的表层金属熔化，同时把金属焊丝熔入接头的空隙中，形成金属熔池。当焊炬向前移动，熔池金属随即凝固成为焊缝，使工件的两部分牢固地连接成为一体。

利用可燃气体同氧气混合燃烧所产生的火焰分离材料的热切割，称为氧气切割或火焰切割。气割时，火焰在切割点将材料预热到燃点，然后喷射氧气流，使金属材料剧烈氧化燃烧，生成的氧化物熔渣被气流吹除，形成切口。

第一节 气焊与气割的概述

一、气焊基本原理和应用特点

（一）气焊原理

气焊是利用气体火焰做热源的焊接方法，常用的有氧乙炔焊、氧丙烷焊、氢氧焊等。气焊过程如图 4-1 所示。

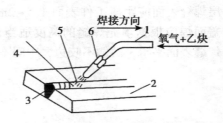

图 4-1 氧乙炔气焊示意图
1. 焊炬；2. 焊件；3. 焊缝；4. 焊丝；
5. 气焊火焰；6. 焊嘴

气焊作为一种焊接方法，曾经在焊接史上起过重要作用。但随着焊接技术的发展，气焊的应用范围日趋缩小。由于气焊熔池温度容易控制，有利于实现单面焊双面成形，便于预热和后热，所以气焊常用于薄板焊接、低熔点材料焊接、管子焊接、铸铁补焊、工具钢焊接以及无电源的野外施工等。

（二）气焊的特点及应用

气焊与电弧焊相比，它的优点如下。

（1）设备简单，移动方便，在无电力供应地区可以方便地进行焊接。

（2）可以焊接很薄的工件。

（3）焊接铸铁和部分非铁金属时焊缝质量好。

气焊的缺点如下。

（1）热量较分散，热影响区及变形大。

（2）生产率较低，不宜焊接较厚的金属。

（3）某种金属因气焊火焰中氧、氢等气体与熔化金属发生作用，会降低焊缝性能。

（4）难以实现自动化。

由于气焊热量分散，热影响区及变形大，因此气焊接头质量不如焊条电弧焊容易保证。目前，气焊主要应用于有色金属及铸铁的焊接和修复、碳钢薄板及小直径管道的焊接。气焊火焰还可用于钎焊、火焰矫正等。

二、气割基本原理、条件、特点及应用

（一）气割原理

气割是利用气体火焰的热量将工件切割处预热到一定温度后，喷出高速切割氧流，使其燃烧并放出热量实现切割的方法。气割具有设备简单、方法灵活、基本不受切割厚度与零件形状限制，容易实现机械化、自动化等优点，广泛应用于切割低碳钢和低合金钢零件。气割过程如图4-2所示，气割设备连接如图4-3所示。

气割过程包括预热、燃烧、吹渣 3 个阶段。其实质是铁在纯氧中的燃烧过程，而不是熔化过程。

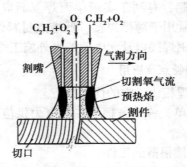

图 4-2　气割示意图

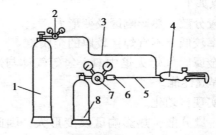

图 4-3　气割设备连接示意图

1. 氧气瓶；2. 氧气减压器；3. 氧气橡胶管；4. 割炬；5. 乙炔胶管；6. 回火保险器；7. 乙炔减压器；8. 乙炔瓶

（二）气割条件

金属进行气割需符合下列条件。

（1）金属材料在纯氧中的燃点应低于熔点，否则金属材料在未燃烧之前就熔化了，不能实现切割。

（2）金属氧化物的熔点必须低于金属的熔点，这样的氧化物才能以液体状态从切口处被吹除。

（3）金属材料在切割氧中燃烧时应是放热反应，如是吸热反应，下层金属得不到预热，气割无法继续下去。

（4）金属材料的导热性应小，导热太快会使金属切口温度很难达到燃点。

（5）金属材料中含阻碍气割过程的元素（如碳、铬、硅等）和易淬硬的杂质（如钨、钼等）应少，以保证气割正常进行及不产生裂纹等缺陷。

符合上述条件的金属材料有低碳钢、中碳钢和低合金钢等，铸铁、不锈钢、铝和铜及其合金因不符合气割条件，均只能采用等离子切割、激光切割等。

（三）气割特点及应用

气割的效率高，成本低，设备简单，切割厚度可达300mm以上，并能在各种位置进行切割和在钢板上切割各种外形复杂的零件，因此，广泛用于钢板下料、开焊接坡口等。

三、气焊与气割用材料

可燃气体的种类很多，目前应用最普遍的是乙炔气，其次是液化石油气。乙炔气与氧气混合燃烧产生的温度可达 $3\,000 \sim 3\,300℃$。在生产中，氧乙炔焰常常被用来焊接较薄的钢件、低熔点材料及铸铁等，也常被用于火焰钎焊、堆焊以及钢结构变形后的火焰矫正等方面。氧乙炔焰的气割在钢材的下料及坡口的制备方面应用更为广泛。

（一）氧气

在常温常压下氧气是一种无色、无味、无毒的气体，在标准状态下（温度为 $0℃$，压力 $1.1MPa$）氧气的密度是 $1.429kg/m^3$。

氧气本身虽不燃烧，但具有强烈的助燃作用。在高压或高温下的氧气与油脂等易燃物接触时，能引起强烈燃烧和爆炸，因此在使用氧气时，切不可使氧气瓶阀、减压器、焊炬、割炬及氧气橡胶管等沾上油脂。

氧气的纯度对气焊与气割的质量和效率有很大的影响，生产上用于焊接的氧气纯度要求在99.2%（体积分数）以上，用于气割的氧气纯度在 98.5%（体积分数）以上。

（二）电石

电石化学名称为碳化钙（CaC），是制取乙炔的原料。电石为块状固体，断面呈暗灰色或棕色。电石与水反应生成乙炔。

（三）乙炔

乙炔是一种无色、带有臭味（所带杂质磷化氢的气味）的碳氢化合物，化学式为 C_2H_2。在标准状态下，其密度是 1.179kg/m³。乙炔比空气轻，在常温常压下乙炔为气态，所以也称乙炔气。乙炔是可燃性气体，乙炔与空气混合燃烧时产生的火焰温度为 2 350℃，与氧气混合燃烧时产生的火焰温度为 3 000~3 300℃，因此可足以迅速地将金属加热到较高温度进行焊接与切割。乙炔是一种具有爆炸性危险的气体，在一定压力和温度下很容易发生爆炸。乙炔与铜或银长期接触后会生成爆炸性的化合物，凡是与乙炔接触的器具、设备，都不能用纯铜或含铜量超过 70%（质量分数）的铜合金制造。使用乙炔必须要注意安全。如果将乙炔储存在毛细管中，其爆炸性就大大降低，即使把压力增高到 2.7MPa 也不会爆炸。由于乙炔能大量溶解于丙酮溶液中，就可利用乙炔的这个特性，将乙炔装入置有丙酮溶剂和多孔复合材料的乙炔瓶内储存和运输。

（四）液化石油气

液化石油气是裂化石油的副产品，其主要成分是丙烷（C_3H_8）、丁烷（C_4H_{10}）、丙烯（C_3H_6）、丁烯（C_4H_8）和少量的乙烷（C_2H_6）、乙烯（C_2H_4）等碳氢化合物。液化石油气是一种略带臭味、无色的可燃气体，在常温常压下，它以气态形式存在，如果加压到 0.8~1.5MPa，就会变成液态，便于装入瓶中储存和运输。

液化石油气与乙炔一样，与空气或氧气混合具有爆炸性。其燃烧的火焰温度可达 2 800~2 850℃，比乙炔的火焰温度低，而且完全燃烧所需的氧气量也比乙炔的多。由于液化石油气价格低廉，比乙炔安全，质量较好。用它来代替乙炔进行金属切割和焊接，具有一定的经济意义。

（五）汽油

汽油是一种液体燃料，它以液体形式储存于防爆储油箱内，与氧气混合燃烧产生温度可达 3 000～3 300℃，与乙炔、丙烷、液化石油气相比可节省成本 50%～80%，并且焊接、切割质量好。操作简单、安全防爆，经济、环保。使用汽油进行切割（或气焊）是新生代技术，其以独特的优势具有广阔应用前景，但受价格影响较大。

第二节 气焊、气割的工具与设备

气焊、气割用设备主要有氧气瓶、乙炔瓶、减压器、胶管、焊炬、割炬、回火保险器等。气割所用的乙炔瓶、氧气瓶和减压器与气焊相同，其连接示意图如图 4-5 所示，了解这些设备和工具的原理，对正确而安全地使用它们具有实际指导意义。

一、乙炔瓶

乙炔瓶是一种储存和运输乙炔的容器。其形状与构造如图 4-4 所示。瓶体外面涂成白色，并标注红色"乙炔""不可近火"字样。瓶内最高压力为 1.5MPa。乙炔瓶内装着浸满丙酮的固态填料，能使乙炔稳定而安全地储存在乙炔瓶内。乙炔瓶阀下面的填料中心置石棉，以使乙炔容易从多孔性填料中分解出来。使用时分解出来的乙炔通过瓶阀流出，而丙酮仍留在瓶内，以便溶解再次灌入的乙炔。

由于乙炔是易燃、易爆气体，使用中除必须遵守氧气瓶的使用规则外，还应严格遵守以下使用规则：

（1）乙炔瓶应直立放置，不准倒卧，以防瓶内丙酮随乙炔流出而发生危险。

（2）乙炔瓶体表面温度不得超过 40℃，因为温度过高会降低丙酮对乙炔的溶解度，而使瓶内的乙炔压力急剧增高。

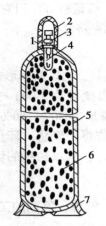

图 4-4 乙炔瓶的构造
1. 瓶口；2. 瓶帽；3. 瓶阀；4. 石棉；5. 瓶体；6. 多孔填料；7. 瓶底

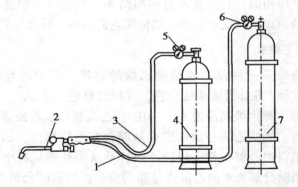

图 4-5 气焊、气割设备和工具的连接
1. 氧气胶管；2. 焊炬；3. 乙炔胶管；4. 乙炔瓶；5. 乙炔减压器；
6. 氧气减压器；7. 氧气瓶

（3）乙炔瓶应避免撞击和振动，以免瓶内填料下沉而形成空洞。

（4）使用前应仔细检查乙炔减压器与乙炔瓶的瓶阀连接是否可靠，应确保连接处紧密。严禁在漏气的情况下使用，否则乙炔与空气混合，极易发生爆炸事故。

（5）存放乙炔瓶的地方，要求通风良好。乙炔瓶与明火之间的距离，要求在 10m 以上。

（6）乙炔瓶内的乙炔不可全部用完，当高压表的读数为零，低压表的读数为 0.01~0.03MPa 时，应立即关闭瓶阀。

二、氧气瓶

氧气瓶是储存和运输氧气的一种高压容器。形状和构造如图 4-6 所示，由瓶体、瓶帽、瓶阀及瓶箍等组成。其外表涂天蓝色，瓶体上用黑色涂料（黑漆）标注"氧气"两字。常用气瓶的容积为 40L，在 15MPa 的压力下，可贮存 $6m^3$ 的氧气。由于瓶内压力高，而且氧气是极活泼的助燃气体，因此必须严格按照安全操作规程使用。

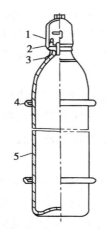

图 4-6 氧气瓶的构造
1. 瓶帽；2. 瓶阀；3. 瓶箍；4. 防振橡胶圈；5. 瓶体

（1）氧气瓶严禁与油脂接触。不允许用沾有油污的手或手套去搬运或开启瓶阀，以免发生事故。

（2）夏季使用氧气瓶应遮阳防暴晒，以免瓶内气体膨胀超压而爆炸。

（3）氧气瓶应远离易燃易爆物品，不要靠近明火或热源，其安全距离应在 10m 以上，与乙炔瓶的距离不小于 3m。

（4）氧气瓶一般应直立放置，安放要稳固，防止倾倒。取瓶帽时，只能用手或扳手旋取，禁止用铁锤等敲击。

（5）冬季要防止冻结，如遇瓶阀或减压阀冻结，只能用热水或蒸汽解冻，严禁用明火直接加热。

（6）氧气瓶内的氧气不应全部用完，最后要留 0.1MPa 的余压，以防其他气体进入瓶内。

（7）氧气瓶运输时要检查防振胶圈是否完好，应避免互相碰撞。不能与可燃气体的气瓶、油料等同车运输。

三、割炬

（一）割炬的作用及分类

割炬是气割工作的主要工具。它的作用是将可燃气体与氧气以一定的比例和方式混合后，形成具有一定热量和形状的预热火焰，并在预热火焰的中心喷射出氧气进行气割。

割炬按用途不同可分为普通割炬、重型割炬、焊割两用炬等。按可燃气体进入混合室的方式不同，可分为射吸式割炬和等压式割炬两种。目前常用的是射吸式割炬。

（二）射吸式割炬的工作原理及构造

（1）工作原理。气割时，先开启预热氧气调节阀，再打开乙炔调节阀，使氧气与乙炔混合后，从割嘴喷出并立即点火。待割件预热至燃点时，即开启切割氧气调节阀。此时高速切割氧气流由割嘴的中心孔喷出，将割缝处的金属氧化并吹除。随着割炬的不断移动即在割件上形成割缝，如图 4-7 所示。

（2）构造。这种割炬的结构是以射吸式焊炬为基础，割炬的结构可分为两部分：一为预热部分，其构造与射吸式焊炬相同；另一部分为切割部分，它是由切割氧调节阀、切割氧通道以及割嘴等组成。射吸式割炬的构造如图 4-8 所示。

割嘴的构造与焊嘴不同，如图 4-9 所示。焊嘴上的喷射孔

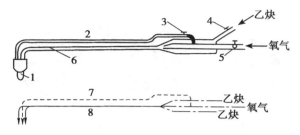

图 4-7　射吸式割炬工作原理

1. 割嘴；2. 切割氧通道；3. 切割氧开关；4. 乙炔调节阀；5. 氧气调
节阀；6. 混合气体通道；7. 高压氧；8. 混合气体

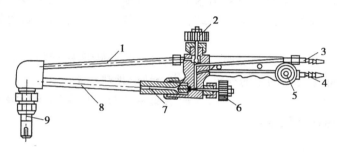

图 4-8　射吸式割炬的构造

1. 切割氧气管；2. 切割氧气阀；3. 氧气管；4. 乙炔管；5. 乙炔调节
阀；6. 氧气调节阀；7. 射吸管；8. 混合气管；9. 割嘴

是小圆孔，所以气焊火焰呈圆锥形；而割嘴上的混合气体喷射
孔是环形或梅花形的，因此作为气割预热火焰的外形呈环状
分布。

（三）割炬的使用

由于割炬的构造、工作原理以及使用方法基本上与焊炬相
同，所以焊炬使用的注意事项都完全适用于割炬。此外在使用
割炬时还应特别注意下列几点：

（1）由于割炬内通有高压氧气，因此，必须特别注意割炬
各个部分以及各处接头的紧密性，以免漏气。

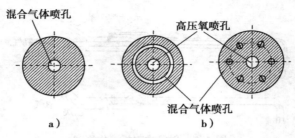

图 4-9 割嘴与焊嘴的截面比较

a) 焊嘴；b) 割嘴

（2）切割时，飞溅出来的金属微粒与熔渣微粒很多，割嘴的喷孔很容易被堵塞，因此，应该经常用通针疏通，以免发生回火。

（3）在装配割嘴时，必须使内嘴与外嘴严格保持同心，这样才能保证切割用的纯氧射流位于环形预热火焰的中心。

（4）内嘴必须与高压氧通道紧密连接，以免高压氧漏入环形通道而把预热火焰吹熄。

四、焊炬

焊炬也称气焊枪，它是气焊操作的主要工具。焊炬的作用是使可燃气体（乙炔等）与助燃气体（氧气）以一定比例在焊炬中混合均匀，并以一定的流速喷出燃烧而生成具有一定能量、成分和形状的稳定的焊接火焰，以进行气焊工作。因此，它在构造上应安全可靠、尺寸小、质量轻、调节方便。

五、减压器

（一）减压器的作用

减压器是将气瓶内的高压气体降为工作时的低压气体的调节装置（氧气工作压力一般为 0.1~0.4MPa，乙炔工作压力不超过 0.15MPa），同时也能起到稳压的作用。

（1）减压作用。储存在气瓶内的气体都是高压气体，如氧气瓶内的氧气压力最高可达 15MPa，乙炔瓶内的乙炔压力最高达 1.5MPa；而气焊、气割工作中所需的气体工作压力一般都是比较低的，氧气的工作压力要求为 0.1~0.4MPa，乙炔的工作压力则更低，最高也不会大于 0.15MPa。因此在气焊、气割工作中必须使用减压器，气体经减压后才能输送给焊炬或割炬供使用。

（2）稳压作用。气瓶内气体的压力是随着气体的消耗而逐渐下降的，也就是说在气焊、气割工作中气瓶内的气体压力是时刻变化着的。但是在气焊、气割工作中所要求的气体工作压力必须是稳定不变的。减压器还具有稳定气体工作压力的作用，使气体工作压力不随气瓶内气体压力的下降而下降。

（二）减压器的分类

减压器按用途不同可分为集中式和岗位式两类；按构造不同可分为单级式和双级式两类；按工作原理不同又可分为正作用式和反作用式两类；减压器按使用气体不同可分为氧气减压器和乙炔减压器。目前常用的是单级反作用式减压器。

（三）减压器的使用

（1）安装减压器之前，要稍微打开氧气瓶阀门，吹去污物，以防灰尘和水分带入减压器。氧气瓶阀开启时，出气口不能对着人体。减压器出气口与氧气胶管接头处必须用铜丝、铁丝或夹头紧固，防止送气后胶管脱开伤人。

（2）应先检查减压器的调节螺钉是否松开，只有在松开状态下方可打开氧气瓶阀门。打开氧气瓶阀门时要慢慢开启，不要用力过猛，以防气体冲击损坏减压器及压力表。

（3）减压器不得附有油脂。如有油脂，应擦洗干净后再使用。

（4）减压器冻结时，可用热水或蒸汽解冻，不许用火烤。冬天使用时，可在适当距离安装红外线灯加温减压器，以防结冰。

(5) 用于氧气的减压器应涂蓝色，乙炔减压器应涂白色，不得互换使用。

(6) 减压器停止使用时，必须把调节螺钉旋松，并把减压器内的气体全部放掉，直到低压表的指针指向零值为止。

六、辅助工具

(一) 软管接头

焊炬和割炬用软管接头由螺纹管、螺母及软管组成，其结构如图 4-10 所示。内径为 5mm 的胶管所用的氧气软管接头，其螺纹尺寸为 M16×1.5mm，内径为 10mm 的燃气软管接头，螺纹尺寸为 M18× 1.5mm。软管接头可分为普通型 (A 型) 与快速接头 (B 型) 两种。

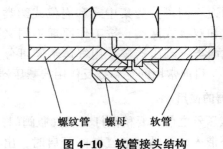

螺纹管　螺母　软管

图 4-10　软管接头结构

(二) 橡胶软管

氧气瓶和乙炔发生器 (或溶解乙炔瓶) 中的气体需用橡胶软管输送到焊炬 (或割炬) 中，按有关规定：氧气软管为红色，乙炔软管为绿色或黑色。一般氧气软管内径为 8mm，允许工作压力为 1.5MPa；乙炔软管内径为 10mm，允许工作压力为 0.5MPa。连接焊炬和割炬的软管长度一般为 10~15m，橡胶软管禁止油污及漏气，并严禁互换使用。

(三) 点火枪

点火枪是气焊与气割时的点火工具，采用手枪式点火枪最为安全。

辅助工具除上述几种外，还有清理焊缝用的工具，如钢丝刷、錾子、锤子、锉刀等，连接和启闭气体通路的工具，如钢丝钳、活扳手、铁丝等。此外每个焊工都应备有粗细不等的三棱式钢质通针一套，用于清除堵塞焊嘴或割嘴的脏物。

（四）护目镜

气焊时，焊工应戴护目镜进行操作，主要是保护焊工的眼睛不受火焰亮光的刺激，防止飞溅金属微粒溅入眼睛内。护目镜片的颜色和深浅应根据焊工的视力、焊枪的大小和被焊材料的性质选用，一般宜用 3~7 号黄绿色镜片。

第三节　气焊操作

一、气焊火焰的点燃、调节和熄灭

（1）焊炬的握法。将拇指位于乙炔阀门处，食指位于氧气阀门处，其余三指握住焊炬柄。

（2）火焰的点燃。先微微打开氧气阀门放出少量氧气，再微开乙炔阀门放出少量乙炔，然后用打火枪从喷嘴的后侧靠近点燃火焰。

（3）火焰的调节。点燃火焰后，再将乙炔流量适当调大，同时再将氧气流量适当调大；此时观察火焰情况，如火焰有明显的内焰，颜色较红时，为碳化焰，可适当加大氧气流量；如火焰无内焰并发出嘶嘶声时，为氧化焰，可适当减小氧气流量；如火焰的内焰较短并有轻微闪动时，为中性焰。可根据各种火焰不同的情况进行调节。

（4）火焰的熄灭。当需要将火焰熄灭时，应先将乙炔阀门关闭，再将氧气阀门关闭。在点火时，如果出现连续的"放炮"声，说明乙炔不纯，先放出不纯的乙炔，然后重新点火；如出现不易点燃的现象，可能是氧气太多，将氧气的量适当减少后再点火。此外，在操作中不要将阀门关得过紧，以防止磨损过快而降低焊炬的使用寿命。

二、气焊方向

气焊操作分为左向焊法与右向焊法两种。

三、焊炬和焊丝的摆动

在焊接过程中，为了获得优质美观的焊缝，焊炬与焊丝应做均匀协调的摆动。通过摆动使焊件金属熔透均匀，并避免焊缝金属过热或过烧。在焊接某些有色金属时，要不断地用焊丝搅动金属熔池，以利于熔池中各种氧化物及有害气体的排出。

气焊时焊炬有两种动作，即沿焊接方向的移动和垂直于焊缝的横向摆动。对于焊丝，除了与焊炬同样的两种动作外，由于焊丝的不断熔化，还必须有向熔池的送进动作，并且焊丝末端应均匀协调地上、下跳动，否则会造成焊缝高低不平、宽窄不匀的现象。焊炬与焊丝的摆动方法和工件厚度、性质、空间位置及焊缝尺寸等有关，常见的几种摆动方法如图 4-11 所示。

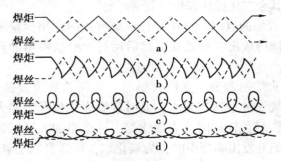

图 4-11　焊炬和焊丝的摆动方法
a）右摆法；b）、c）、d）左摆法

四、气焊操作

（1）点火。点火前，先开氧气阀门，再微开乙炔阀门，用点火枪或火柴点火。正常情况下应采用专用的打火枪点火。在无打火枪的条件下，也可用火柴来点火，但须注意操作者的安全，不要被喷射出的火焰烧伤。开始为碳化焰，此时应逐渐加大氧气流量，将火焰调节为中性焰或者略微带氧化性质的火焰。

（2）焊道的起头。自焊件右端开始加热焊件，火焰指向待焊部位，焊丝的端部置于火焰的前下方，距焰心 3mm 左右，如图 4-12 所示。开始加热时，注意观察熔池的形成，而且焊丝端部应稍加预热，待熔池形成时，便可熔化焊丝，将焊丝熔滴滴入熔池，而后将焊丝抬起，形成新的熔池。

图 4-12　焊炬与焊丝端头的位置

（3）焊炬和焊丝的运动。在焊接过程中，焊炬和焊丝应作出均匀和谐的摆动，要既能将焊缝边缘良好熔透，又能控制好液体金属的流动，使焊缝成形良好，同时还要保证焊件不至于过热。焊炬和焊丝要做沿焊接方向的移动、垂直于焊缝方向的横向摆动，焊丝还有垂直向熔池送进 3 个方向的运动。

（4）焊道的接头。在焊接过程中，当中途停顿后继续施焊时，应将火焰把原熔池重新加热熔化形成新的熔池之后再加焊丝，重新开始焊接，每次焊道与前焊道重叠 5~10mm，重叠部分要少加焊丝或不加焊丝。

（5）焊道的收尾。当焊接接近焊件终点时，先减小焊炬与焊件的夹角，同时要增大焊接速度和加丝量，焊至终点处，在终点时先填满熔池，再将焊丝移开，用外焰保护熔池 2~3s，再将火焰移开。

第四节　气割操作

一、点火

点火前，先开乙炔阀门，再微开氧气阀门，用点火枪或火柴点火。正常情况下应采用专用的打火枪点火。在无打火枪的条件下，也可用火柴来点火，但须注意操作者的安全，不要被喷射出的火焰烧伤。开始为碳化焰，此时应逐渐加大氧气流量，将火焰调节为中性焰或者略微带氧化性质的火焰。

二、操作姿势

双脚呈"八"字形蹲在割件一旁，右手握住割炬手柄，同时用拇指和食指握住预热氧的阀门，右臂靠右膝盖，左臂悬空在两脚中间，左手的拇指和食指控制切割氧的阀门，其余手指平稳地托住混合管，左手同时起把握方向的作用。上身不要弯得太低，呼吸要有节奏，眼睛注视割件和割嘴，切割时注意观察割线，注意呼吸要均匀、有节奏。

气割时，先点燃割炬，调整好预热火焰，然后进行气割。气割操作姿势因个人习惯而不同。初学者可按基本的"抱切法"练习，如图 4-13 所示。气割时的手势如图 4-14 所示。

图 4-13　抱切法姿势

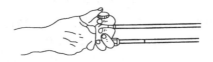

图 4-14 气割时的手势

三、正常气割

正常切割过程起割后，即进入正常的气割阶段。整个过程中要做到：

（1）割炬移动的速度要均匀，割嘴到割件表面的距离应保持一定。

（2）若切口较长，气割者的身体要更换位置时，应先关闭切割氧阀门，移动身体，再对准切口的切割处重新预热起割。

（3）在气割过程中，有时会由于各种原因而出现爆鸣和回火现象，此时应迅速关闭切割氧调节阀门，火焰会自动在割嘴外正常燃烧；如果在关闭阀门后仍然听到割炬内还有撕嘶的响声，说明火焰没有熄灭，应迅速关闭乙炔阀门。

（4）气割结束时，应迅速关闭切割氧阀门，再相继关闭乙炔阀门和预热氧阀门，再将割嘴从割件上移开。

第五节 典型零件的气割

一、小直径管平对接气焊技术

要求：将两根 $\phi60mm×100mm × 5mm$ 低碳钢管对接气焊（可转动）。

（一）操作步骤

1. 焊接

（1）打开氧气调节阀，氧气即从喷嘴口快速射出，并在喷嘴外围形成负压（吸力），再打开乙炔调节阀，乙炔气即聚集在喷嘴的外围。由于氧射流负压的作用，聚集在喷嘴外围的乙炔很快地被氧气吸入，并按一定的比例（体积比约为1∶1）与氧气混合，并以相当高的流速经过射吸管，混合后从焊嘴喷出。

（2）焊接时左手拿焊丝，右手拿焊炬，采用中性焰，左向焊法进行焊接，起焊点应在两定位焊点中间。采用熔孔方法焊接，熔孔位置如图4-15所示。

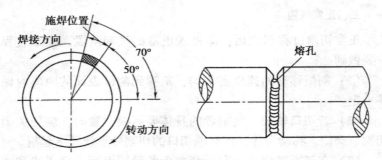

图4-15 管子水平转动时的施焊位置

（3）由于管子可以自由转动，因此焊缝可控制在水平位置施焊。焊道分布为3层3道。

①第一层打底焊。焊嘴与管子表面的倾斜角度为45°左右，火焰焰心末端距熔池3~5mm。此时管子不动，也不要添加焊丝。当看到坡口钝边熔化后并形成熔池时，管子开始转动并立即把焊丝送入熔池前沿，使之熔化填充熔池。施焊过程中要使小熔孔不断前移，同时要不断地向熔池中添加焊丝，以形成焊缝。焊炬一般作圆圈形运动，一方面可以搅拌熔池金属，有利于杂质和气体的逸出，从而避免夹渣和气孔等缺陷的产生；另一方面也可以调节并保持熔孔直径。焊件根部要保证焊透。

②第二层填充焊。可适当加大火焰能率以提高焊接效率。焊接时，焊炬要作适当的横向摆动。

③第三层焊接时，焊接方法同第二层一样，但火焰能率应略小些，使焊缝成形美观。焊缝余高为1~2mm。

④焊接过程中焊炬和焊丝的摆动方法如前所述。焊接过程

中如发现熔池不清，有气泡、火花飞溅或熔池沸腾现象，应及时将火焰调整为中性焰，然后继续进行焊接。始终控制熔池大小的一致，如出现熔池过小，焊丝不能与焊件熔合，应增大焊炬的倾角，减小焊接速度；如出现熔池过大，应迅速提起焊炬或减小焊炬的倾角，增大焊接速度，并要多加焊丝。

如发现火焰发出呼呼的响声，说明气体的流量过大，应立即调节火焰能率；如发现焊缝过高，与母材金属熔合不良，说明火焰能率低，应调大火焰能率并减慢焊接速度。

2. 焊后清理及检测

焊后用钢丝刷对焊缝进行清理，检查焊缝质量。焊缝不可有焊瘤、烧穿、凹陷、气孔等缺陷。

（二）操作注意事项

（1）在整个气焊过程中，每一层焊缝要一次焊完，各层的起焊点互相错开 20～30mm。

（2）每次焊接收尾时，要填满弧坑，火焰慢慢离开熔池，以免出现气孔、夹渣等缺陷。

（3）管子的转动速度要与焊接速度相同。

（4）焊缝两侧不允许有过深的咬边。

（5）焊接管子不允许将管壁烧穿，否则会增加管内液体或气体的流动阻力。

（6）焊缝不允许有粗大焊瘤。

（三）操作要领

（1）装配时可以在"V"形块、角钢、槽钢上进行，能提高装配精度。

（2）定位焊接时要根据管直径选择定位点数。

（3）焊接时要保持管子的转速与焊速的同步，并保证熔孔的位置不发生变化。

（4）打底焊最重要，一定要待火焰击穿管壁后再往前焊接，要反复练习。

（5）焊接时注意焊缝的宽度、高度和直线度，以保证焊缝美观。

二、薄板平对接气焊技术

要求：将两块 200mm×100mm×2mm 低碳钢板对接气焊。

（一）操作步骤

1. 焊接

（1）打开氧气调节阀，氧气即从喷嘴口快速射出，并在喷嘴外围形成负压（吸力），再打开乙炔调节阀，乙炔气即聚集在喷嘴的外围。由于氧射流负压的作用，聚集在喷嘴外围的乙炔很快地被氧气吸入，并按一定的比例（体积比约为 1：1）与氧气混合，并以相当高的流速经过射吸管混合后从焊嘴喷出。

（2）焊接时左手拿焊丝，右手拿焊炬，左向焊法焊接，如图 4-16 所示。采用反向起头焊法，如图 4-17 所示，从距右端30mm 处进行施焊，待焊至终点后再从原起焊点左侧 5mm 处进行反向施焊并焊满整个焊缝。焊缝余高为 1~2mm，焊缝宽度以6~8mm 为宜。施焊过程中要使小熔孔不断前移，同时要不断地向熔池中添加焊丝，以形成焊缝。焊炬一般做圆圈形运动，一方面可以搅拌熔池金属，有利于杂质和气体的逸出，从而避免夹渣和气孔等缺陷的产生；另一方面也可以调节并保持熔孔直径。中途停止焊接后，若需要继续施焊时，必须将前一焊缝的熔坑熔透，然后再用"穿孔焊法"向前施焊。收尾时，可稍稍抬起焊炬，用外焰保护熔池同时不断地添加焊丝，直至收尾处的熔池填满后，方可撤离焊炬。

（3）焊接过程焊炬和焊丝的摆动方法如前所述。焊接过程中如发现熔池不清，有气泡、火花飞溅或熔池沸腾现象，应及时将火焰调整为中性焰，然后继续进行焊接。始终控制熔池大小的一致，如出现熔池过小，焊丝不能与焊件溶合，应增大焊炬的倾角，减小焊接速度；如出现熔池过大，应迅速提起焊炬或减小焊炬的倾角，增大焊接速度，并要多加焊丝。

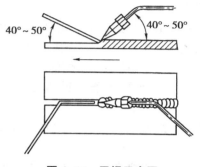

图 4-16　平焊示意图

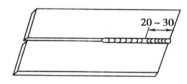

图 4-17　反向起头焊法示意图

如发现火焰发出呼呼的响声，说明气体的流量过大，应立即调节火焰能率；如发现焊缝过高，与母材金属熔合不良，说明火焰能率太低，应调大火焰能率并减慢焊接速度。

2. 焊后清理及检测

焊后用钢丝刷对焊缝进行清理，检查焊缝质量。焊缝不可有焊瘤、烧穿、凹陷、气孔等缺陷。

（二）操作注意事项

（1）定位焊产生缺陷时，必须铲除或打磨修补，以保证质量。

（2）焊缝边缘与母材金属要圆滑过渡，无咬边。

（3）焊缝背面必须均匀焊透。

（4）焊接时如发生回火，要严格按照处理回火的方法进行处理。

（三）操作要领

（1）在焊接过程中，焊炬的倾角要不断变化。预热时，焊炬倾角为 50°~70°；正常焊接时，焊炬倾角为 30°~50°；收尾时，焊炬倾角为 20°~30°。此为控制熔池温度的关键。

（2）可在焊件上做平行多条多道练习，各条焊道以间隔 20mm 左右为宜。

（3）焊接时注意焊缝的宽度、高度和直线度，以保证焊缝的美观。

（4）用左焊法焊接达到要求后，可进行右向焊法的练习。

主要参考文献

董克学. 2018. 电焊工 ［M］. 北京：中国石化出版社.

金凤柱，陈永. 2018. 电焊工操作技巧轻松学，北京：机械工业出版社.

李晓华. 2018. 电焊工操作技能 ［M］. 哈尔滨：哈尔滨工程大学出版社.

石勇博. 2015. 图解电焊工入门 ［M］. 北京：化学工业出版社.

王继承. 2018. 电焊工 ［M］. 北京：中国建筑工业出版社.

尹文新. 2014. 电焊工 ［M］. 石家庄：河北科学技术出版社.